U0338104

济南市"高校20条"项目（2018GXRC009）资助
泉城产业领军人才支持计划（创新团队）（2020年）资助

印痕法检测建筑钢材强度技术研究

成 勃　姜丽萍　崔 珑
崔士起　宋 杰　　　著

中国矿业大学出版社

·徐州·

内 容 提 要

目前,钢材强度检测大多数是现场取样然后实验室送检,其费时费力,且会对结构造成较大损伤,修复也比较困难。本书提出了一种全新的现场无损检测钢材强度技术——印痕法,具有较强的实用性,满足了工程中现场无损检测建筑钢材强度的需求;介绍了印痕法的适用范围和主要技术成果;绘制了常用钢材测强曲线;研发了专用设备;介绍了山东省工程建设标准《印痕法检测建筑钢材强度技术规程》(DB37/T 5169—2020)的编制情况。

本书可为从事相关行业的科研技术人员和在校师生提供参考。

图书在版编目(CIP)数据

印痕法检测建筑钢材强度技术研究 / 成勃等著.—

徐州:中国矿业大学出版社,2021.5

ISBN 978 - 7 - 5646 - 5032 - 2

Ⅰ.①印…　Ⅱ.①成…　Ⅲ.①建筑材料－钢－检测

Ⅳ.①TU511.3

中国版本图书馆 CIP 数据核字(2021)第 101633 号

书　　名	印痕法检测建筑钢材强度技术研究
著　　者	成　勃　姜丽萍　崔　珑　崔士起　宋　杰
责任编辑	杨　洋
出版发行	中国矿业大学出版社有限责任公司
	(江苏省徐州市解放南路　邮编 221008)
营销热线	(0516)83884103　83885105
出版服务	(0516)83995789　83884920
网　　址	http://www.cumtp.com　**E-mail**:cumtpvip@cumtp.com
印　　刷	江苏凤凰数码印务有限公司
开　　本	787 mm×960 mm　1/16　**印张** 6.25　**字数** 110 千字
版次印次	2021 年 5 月第 1 版　2021 年 5 月第 1 次印刷
定　　价	36.00 元

前　言

钢材是最为常用的建筑材料之一,在建筑结构中发挥着至关重要的作用。钢材强度对于建筑结构的安全性起着决定性作用。在对新建工程进行质量检查和对既有结构工程进行检测鉴定时,需要确定建筑钢材的强度。由于不能完全确定相关材质证明的有效性,所以材质证明的参考价值有限,很多情况下甚至无法提供相关证明,这种情况下势必要对建筑钢材的强度进行检测。

目前钢材强度检测大多数是现场取样然后实验室送检,其费时费力,且会对结构造成较大损伤,修复也比较困难。钢材强度的现场无损检测方法中研究较多的是表面硬度法检测技术。该项技术对检测面平整度的要求较高,测试过程中受振动影响较大,具有一定的局限性,因此研究新的钢材强度现场检测技术势在必行。

本书以钢材强度无损伤检测为研究对象,采用实验分析和理论分析相结合的方法,提出了压痕法检测建筑钢材强度技术,明确了该项技术的检测范围、压头直径、测点布置、检测步骤、推定方法等内容,绘制了常用钢材的屈服强度曲线和抗拉强度曲线;发明了便携式钢材强度检测印痕仪,实现了印痕法的现场检测,是印痕法推广应用的关键设备;编制了山东省地方标准《印痕法检测建筑钢材强度技术规程》(DB37/T 5169—2020),满足了工程现场无损检测建筑钢材强度的需求。该技术准确、无损、便捷,符合检测技术发展方向,希望可以进一步提高建筑钢材强度现场无损检测技术水平,以便更好地控制在建工程的施工质量,保障既有房屋建筑的安全性。

本书在介绍最新研究成果的同时,详细介绍了本项技术研究的思路和方法,可供广大工程技术人员和土木工程专业的师生参考。

本书的出版获得济南市"高校 20 条"项目(2018GXRC009)和泉城产业领军人才支持计划(创新团队)(2020 年)的资助,在此表示感谢。

限于作者水平,书中难免存在不妥之处,恳请广大读者提出宝贵意见。

成 勃 等

2020 年 10 月于山东省建筑科学研究院有限公司

目　　录

目　录

第1章 绪 论

1.1 钢材在建筑中的应用进展

钢铁最早应用的建筑结构应该是铁索桥。据历史记载,中国最早的铁索桥是陕西汉中攀河铁索桥,建于公元前 206 年,距今 2 200 多年。该桥虽然经过多次修复,但是遗憾的是于 1951 年被毁坏。另外,云南神州铁索桥建于隋唐时期,于唐贞元十年(794 年)战乱时毁坏,距今 1 200 多年。我国现存最早的桥梁有四川大渡河泸定桥,长 103.67 m,建于 1705 年,也是铁索桥,中华人民共和国成立后修复过一次,目前还在使用。

17 世纪 70 年代,人类开始大量应用生铁作为建筑材料,到 19 世纪初发展到用熟铁建造桥梁、房屋等。这些材料因强度低、综合性能差,使用上受到限制,但已是人类采用钢铁结构的开始。19 世纪中期以后,钢材的规格、品种日益增多,强度不断提高,相应的连接等工艺技术也得到发展,为建筑结构向大跨、重载方向发展奠定基础。

19 世纪 50 年代出现了新型的复合建筑材料——钢筋混凝土。至 20 世纪 30 年代,高强钢材的出现推动了预应力混凝土的发展,开创了钢筋混凝土和预应力混凝土占统治地位的新的历史时期,使土木工程产生了新的飞跃。

现代建筑钢材的特点是强度高、自重轻、整体刚度好、抵抗变形能力强,故特别适宜用于建造大跨度、超高、超重型的建筑物;材料匀质性和各向同性好,属于理想弹性体,符合一般工程力学的基本假定;材料塑性、韧性好,可产生较大变形,能很好地承受动力荷载;建设工期短;工业化程度高,可进行机械化程度高的专业化生产(图 1-1)。随着桥梁大型化,建筑物和构筑物向大跨、高层、高耸发展以及能源和海洋平台的开发,建筑钢结构工程也得到了飞速发展。

图 1-1　轻钢结构厂房示例

1.2　钢材强度检测的重要性

房屋建筑中钢筋、钢棒、钢板、型钢等钢材的力学性能是影响建筑结构安全性的重要因素。在对既有结构工程进行检测鉴定时,常需要确定建筑钢材的强度。由于不能完全确定相关材质证明的有效性,材质证明的参考价值有限,很多情况下甚至无法提供相关证明,这就需要在结构实体上取样并返回实验室进行拉伸试验,以获得钢材的实际强度(图 1-2)。现场取样对主体结构的破坏比较大,费时费力且不容易实施。因此,采用原位、非破损的方法检测钢材强度是亟待解决的问题。

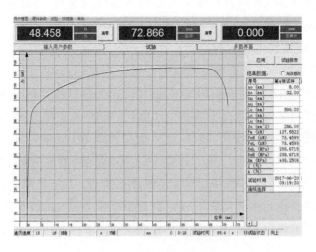

图 1-2　钢材力学性能试验

印痕法检测建筑钢材强度技术是通过硬质合金球在建筑钢材表面施加一定的压力,使钢材表面产生印痕,通过检测印痕直径推定建筑钢材强度的技术(图 1-3)。

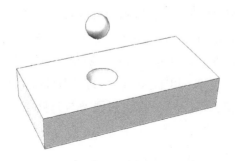

图 1-3　钢材表面印痕法检测示意图

印痕法检测建筑钢材强度技术属于非破损检测方法,对结构无损伤,检测时对钢材表面的粗糙度要求较低,受客观条件影响较小。目前我国建筑工程检测技术正逐渐从实验室检测技术向现场检测技术方向发展,从破损检测向微破损、无破损检测技术方向发展。本项目研究符合这一趋势,将进一步提高我国工程质量检测水平,具有非常显著的实用价值和社会经济效益。

1.3　国内外研究概况、发展趋势及国内需求

1.3.1　硬度测试

大量研究表明:金属材料的强度与表面抵抗塑性变形的能力之间存在较为明显的对应关系,塑性变形抗力越高,材料的强度越高。

目前测量一定压力下的塑性变形主要用于测试材料硬度。金属材料硬度的测试方法有多种,常见的有里氏硬度法、洛氏硬度法、维氏硬度法、布氏硬度法等,除里氏硬度法外,其余均需测试材料表面塑性变形。

1.3.2　布氏硬度测试与强度关系

布氏硬度主要用于铸铁、钢材、有色金属及软合金等材料的硬度测定。布氏硬度试验能反映材料的综合性能,测试时影响因素较少,是一种精度较高的硬度试验法。《金属材料 布氏硬度试验 第 1 部分:试验方法》(GB/T 231.1—

2018)中规定了金属材料布氏硬度试验方法。

《黑色金属硬度及强度换算值》(GB/T 1172—1999)列出了碳素钢和合金钢的硬度与抗拉强度之间的换算关系,硬度值为洛氏硬度、维氏硬度和布氏硬度,该表的数据是采用实验室方法得到的;德国标准 DIN 50150 列举了常用钢材抗拉强度与维氏硬度、布氏硬度、洛氏硬度的对照表,标准中的数据同样是在实验室条件下采用标准试件和标准试验方法得到的,适用于送样产品的检测,与现场检测有一定的差异。以上标准中的测试钢材以特种高强钢材为主,而建筑钢材普遍强度较低。对于现场检测的硬度与强度之间的关系,国内外研究较少。

1.3.3 里氏硬度法现场检测钢材强度

我国有部分省份制定了采用里氏硬度法现场检测建筑钢材强度的地方标准。

江苏省制定了地方标准《里氏硬度计现场检测建筑钢结构钢材抗拉强度技术规程》(DGJ32/TJ 116—2011),规定了使用的硬度计的技术要求以及检测的技术要求,推荐使用 D 型冲击装置,根据里氏硬度值,给出了抗压强度范围。

山东省建筑科学研究院编制了地方标准《里氏硬度法现场检测建筑钢材抗拉强度技术规程》(DB37/T 5046—2015),制定了 C 型和 D 型两种冲击装置里氏硬度-钢材抗拉强度关系曲线。

在实践中发现:由于采用里氏硬度法检测时对钢材表面平整度要求较高,操作人员和打磨工具的影响较大;检测时钢材因厚度、约束程度等不同,被检测部位产生振动从而会有不同程度的能量损失,采用同一测强曲线会造成里氏硬度法检测结果产生不同的误差。

1.3.4 国内需求

本项目采用硬质合金球在一定试验力作用下压入试样表面,经规定的持荷时间后卸除试验力,以试样印痕的平均直径来推定钢材强度。本项目还研制了便携的试验设备,使之可以用于现场检测。

本项目的方法适用于建筑结构中钢板、型钢等钢材强度的检测。采用本项目的方法进行测试时,在去除钢材表面漆膜、氧化层、锈迹后,无须另行打磨钢材表面。

我国有大量的既有房屋建筑结构需要进行安全性能和抗震性能鉴定,建筑钢材强度的检测是鉴定内容的重要组成部分,采用本方法可以在不破坏原有结构的情况下现场检测建筑钢材的强度,从而正确评估房屋建筑的安全性能。本项目的研究与应用在建筑结构领域中具有非常显著的实用价值。

1.4 主要研究内容和创新点

1.4.1 主要研究内容

在调查的基础上,针对行业内常用的 Q235、Q345 等建筑钢材进行印痕法试验,提出标准检测方法,建立不同钢材的测强曲线。采用本项技术所建立的测强曲线,只需测试某压力作用下钢材表面印痕的直径,即可推定钢材的强度。其试验周期短,不损伤主体结构。

印痕法检测钢材强度技术的研究内容包括两个部分:① 在实验室建立印痕直径-钢材强度关系曲线;② 研发用于现场检测用的试验装置。

(1)钢材强度-印痕直径关系曲线的建立

① 影响因素的分析。

本项目考虑的主要影响因素有:压头直径、加荷时间、压力取值、持荷时间、钢材表面氧化层影响、被测部位厚度及距边缘距离等。本项目通过试验研究,分析各种因素对强度检测的影响,提出了合理的检测方案,减小了检测误差。

② 钢材强度的推定。

本项目在统一的检测方案下,通过测量一系列试验力值 P 作用下的印痕直径 d,并对试件进行了力学试验,测得钢材的实际屈服强度和抗拉强度,并运用统计学原理,建立了试验压力 P、印痕直径 d、钢材强度(R_{eL}、R_m)之间的关系曲线,实现了钢材屈服强度和抗拉强度的推定。

$$R_{eL} = f_1(P,d)$$
$$R_m = f_2(P,d)$$

(2)现场检测仪器的研制

本项目需测试钢材表面抵抗塑性变形的能力,可根据布氏硬度的测试原理进行,但是布氏硬度测试设备体积庞大,不能用于现场检测,因此研制了便携式钢材强度检测印痕仪及测试方法,并获得了专利,满足了现场检测的需求。

1.4.2 创新点

本项目的创新点主要有:

(1)通过试验研究和有限元模拟,分析了压头直径、加荷时间、加荷大小、持荷时间、表面处理等印痕法测试关键参数,确定了印痕法检测钢材强度的标准试验方法,首次提出了印痕法检测钢材屈服强度和抗拉强度技术。

(2)建立了压力为5~35 kN 的一系列印痕直径-屈服强度关系曲线和印痕直径-抗拉强度关系曲线,并提出了压力为 20 kN 时的印痕直径-钢材强度关系曲线作为印痕法推广应用的标准曲线。

(3)研制了便携式钢材强度检测印痕仪及测试方法,并获得了专利。该仪器体积小、重量轻、精度高,实现了印痕法的现场检测,是印痕法得以推广的关键设备。

(4)编制了山东省地方标准《印痕法检测建筑钢材强度技术规程》(DB 37/T 5169—2020)。标准的编制将进一步推广印痕法检测技术应用于建筑结构的检测、鉴定等方面,可以控制在建工程的施工质量,保障既有房屋建筑的安全性。

第 2 章　钢材强度与微观结构

2.1　钢材微观结构、材料组成

2.1.1　纯铁的晶体结构

一切固态物质按其原子(或分子)的聚集状态可分为两大类:晶体和非晶体。晶体是指原子(或分子)在三维空间作有规则的周期性重复排列的固体,而非晶体不具有这一特点,这是两者的根本区别。所有的固态金属和合金都是晶体。

晶体内原子(离子)在空间的规则排列称为空间点阵。为了便于描述晶体内原子排列的情况,常通过直线把各原子中心连接起来,构成一个空间格子,即假想处于平衡状态的原子都位于该空间格子的各结点上,如图 2-1 所示。

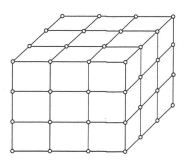

图 2-1　晶格示意图

晶格是由一些最基本的几何单元晶胞堆砌而成的。金属是晶体或晶粒的聚集体,是晶体结构,它是铁碳合金晶体。纯铁在不同温度下有不同的晶体结构:

液态铁 ⇔ 密排六方结构 δ-Fe ⇔ 面心立方晶体 γ-Fe ⇔ 体心立方晶体 α-Fe

将纯铁加热,然后冷却,等冷却到 1 535 ℃时,纯铁由液态转变成固态,结晶后的晶体成为密排六方结构,符号为 δ-Fe(图 2-2)。当温度下降到 1 394 ℃时,晶体从密排六方结构转变成面心立方晶体,符号为 γ-Fe(图 2-3)。当温度下降到 912 ℃时,晶体又从面心立方晶体转变成体心立方晶体,符号为 α-Fe(图 2-4)。

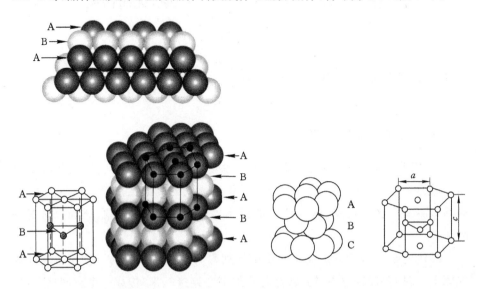

图 2-2　密排六方结构

2.1.2　钢的组织与晶体结构

2.1.2.1　钢的组织

碳对铁碳合金性能的影响很大,铁中加入少量的碳,其强度明显增大,这是由于碳引起了铁内部组织的变化,从而引起碳钢力学性能的相应改变。碳在铁中是以 Fe-C 合金形式存在的聚合体,主要有铁素体、奥氏体、渗碳体和珠光体四种,称为钢的组织。

（1）铁素体

碳溶于体心立方晶体 α-Fe 中的固溶体称为铁素体,符号为 Fe。铁素体含碳量非常低(727 ℃时仅为 0.02%),其机械性能与纯铁相似,强度和硬度不高,塑性和韧性好。

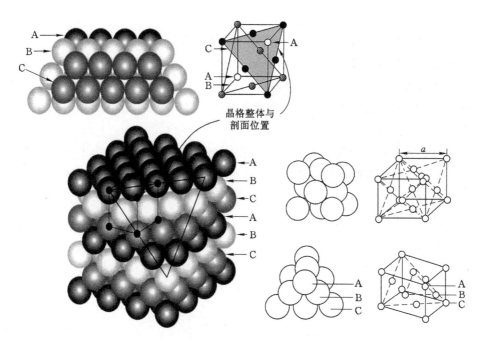

图 2-3　面心立方结构

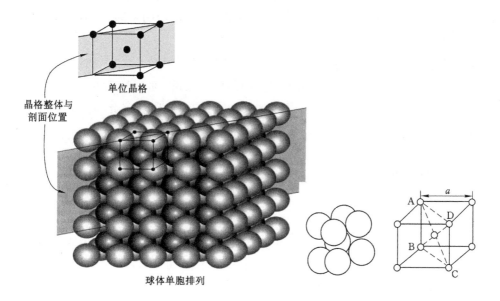

图 2-4　体心立方结构

（2）奥氏体

碳溶于面心立方晶体 γ-Fe 中的固溶体称为奥氏体，符号为 A，为面心立方晶体结构。奥氏体比铁素体含碳量高，1 148 ℃时最大含碳量为 2.11%，727 ℃时含碳量为 0.77%。奥氏体通常存在于 727 ℃以上的高温，这时的铁强度和硬度不高，但塑性优良，所以在轧制和锻造时通常把钢加热到奥氏体状态。

（3）渗碳体

渗碳体是含碳量为 6.69% 的铁与碳的金属化合物，分子式为 Fe_3C，用符号 Cm 表示。渗碳体的硬度高、塑性差、硬而脆，钢中渗碳体数量增多，强度和硬度提高而塑性下降。

（4）珠光体

珠光体是铁素体与渗碳体的混合物，用 P 表示。显微镜下渗碳体和铁素体片层相间，交替排列。平衡条件下珠光体的含碳量为 0.77%，由于渗碳体的强化作用，珠光体具有良好的力学性能。其强度较高，塑性、韧性和硬度介于渗碳体与铁素体之间。

2.1.2.2　钢的晶体结构

位向相同的一群同类晶胞聚合在一起，组成单晶体。单晶体由于不同晶面和晶向上原子的排列不同，引起其机械、物理、化学性能的不同，称为晶体的各向异性。

熔化的钢材在凝固时产生大量的结晶核心，然后晶核长大，完成给晶过程，故钢材是由许多尺寸很小、位向不同的小晶体组成的，称为多晶体。多晶体是由许多不同位向的晶粒组成的，晶粒的各向异性互相抵消，因此多晶体一般不显示方向性。

2.2　钢材的变形和断裂

物体在外力的作用下会发生形状和尺寸的改变，称为变形。外力去除后能恢复原状的变形，称为弹性变形；外力去除后不能恢复原状的变形，称为塑性变形。

钢材在外力的作用下既能产生弹性变形，也能产生塑性变形，所以是一种弹塑性物质。

2.2.1 单晶体的变形

单晶体发生弹性变形的原因是:晶体在拉应力的作用下原子离开了原来的平衡位置,原子间距离增大,产生了拉伸变形(图 2-5)。这时原子间距离增大,原子间的排斥力减小,而原子间的吸引力增大,减去排斥力后的吸引力与拉应力达到新的平衡。

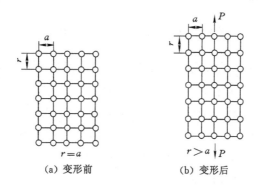

（a）变形前 （b）变形后

图 2-5 单晶体的弹性变形

外力去除后新的平衡消失,原子便回到原来的平衡位置,晶体恢复原状。同样,晶体在压应力的作用下,原子间距离缩短,排斥力大于吸引力,与压力建立新的平衡。

单晶体晶格受到正应力时是不会产生塑性变形的,而是由弹性变形直接过渡到脆性断裂。塑性变形只有在受到剪应力时才会产生,单晶体产生塑性变形的原因是:当晶体处于剪应力作用下,剪应力达到某一定值时,晶体便由弹性变形(剪切变形)过渡到塑性变形(图 2-6),原子移动了数倍原子间距的距离,到达新的平衡位置,原子又处于稳定状态,此时即使去除外力,晶体也不可能恢复原状了。

2.2.2 多晶体的变形

常见金属和合金绝大部分是多晶体。多晶体的变形从实质上来说,也是在外力的作用下原子离开平衡位置或原子移动到新的平衡位置的结果。由于多晶体内每个晶粒的位向不同,原子的移动情况很复杂。多晶体是由大量大小、形状和位向不同的晶粒组成的,并且存在晶界,与单晶体不同,所以多晶体的塑性变形要比单晶体复杂。在多晶体内,就一个晶粒来说,其塑性变形的方式和

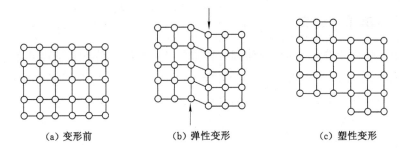

|（a）变形前|（b）弹性变形|（c）塑性变形|

图 2-6　单晶体的弹性变形和塑性变形

单晶体是一样的,这种晶粒内部的塑性变形称为晶内变形。此外,在多晶体内还存在晶粒之间的相互移动和转动,这种晶粒之间的移动和转动称为晶间变形。所以多晶体的塑性变形包括晶内变形和晶间变形。

多晶体的晶内变形方式与单晶体一样,但是多晶体内包含大量晶粒,彼此的位向不同,在外力作用下并非处于同样的塑性变形条件,有些晶粒处于有利的位向,有些处于不利的位向。

如图 2-7 所示,在压力 P 作用下,晶粒 a 和 b 处于与作用力成 45°的有利位向,晶粒 c 则处于不利位向。

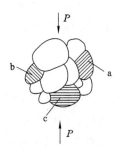

图 2-7　有利位向与不利位向

塑性变形首先在处于有利位向的晶粒 a、b 开始,当这些与外力成 45°的滑移面上剪应力达到临界剪应力值时,便开始由于位错运动而发生滑移,滑移到晶界即行停止。与此同时,那些处于不利位向的晶粒,如图中晶粒 c,则产生弹性变形。它们不仅不能产生塑性变形,还对产生塑性变形的晶粒起阻碍作用。随着变形程度的增大,产生塑性变形的晶粒数量越来越多。而首先变形的那些晶粒由于滑移面的转向和弯曲,发生了几何硬化,继续滑移变得困难,滑移就开始在另外一些由于转动和旋转而处于有利位向的晶粒上进行。多晶体就是这样,随着变形程度的增大,晶粒不断地产生塑性变形,而且变形是不均匀的。

晶间变形的主要方式是相邻晶粒间的相互滑动和转动。由于实际金属和合金是一个大量晶粒非常紧密地联结在一起的集合体,晶粒互相联结是靠原子间的吸引力和晶粒间的机械连锁力,因此晶间变形困难。和单晶体一样,多晶体中各个晶粒在滑移时滑移面也要发生转动,这使得相邻晶粒间发生互相转动(图 2-8)。但是由于各晶粒的位向不同,转动的方向和转角也各不相同,彼此互相影响,是一个复杂的过程。

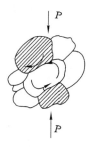

图 2-8　晶粒间的相对位移

由于多晶体具有各种位向和受到晶界的约束,各晶粒变形先后不一致,各晶粒的变形不一致,同一晶粒的不同部分内变形也不一致,因而造成多晶体变形的不均匀性。由于变形的不均匀,多晶体晶粒内部和晶粒之间存在各种内应力,变形结束后不会消失,成为残余应力。

2.2.3　金属的断裂

断裂是金属材料在应力作用下分离为两个部分或多个部分的现象。大量事例和试验说明:断裂是裂纹的发生和发展的结果,即首先形成微裂纹,或者以原有的微裂纹、孔隙、夹杂作为裂纹源,在应力作用下,裂纹源缓慢扩张,裂纹达到某一临界尺寸时瞬时发生断裂,这便是断裂产生的一般过程。

2.2.4　钢材变形、断裂与强度的关系

由材料力学可知:钢材在外力作用下,随着外力的不断增大,通常首先发生弹性变形,然后发生塑性变形,最后发生断裂。弹性变形时,材料的体积也发生变化。塑性变形的同时必然伴随着弹性变形,弹性变形在卸载后自行消失。钢

材印痕是钢材多晶体塑性变形的结果。

钢材在外界拉力作用下,由弹性变形转变为塑性变形时,对应的应力为钢材的屈服强度;钢材发生断裂时,对应的应力为钢材的抗拉强度。

2.3 布氏硬度

硬度是金属材料抵抗硬物压入表面的能力,即材料表面抵抗塑性变形的能力。一般来说,材料的强度越高,硬度值越大。我国常用的硬度测试方法主要有:布氏硬度、洛氏硬度、维氏硬度等。其中布氏硬度直观地反映了材料表面抵抗塑性变形的能力。

2.3.1 布氏硬度测量简介

布氏硬度测量方法:用一定大小的荷载把硬质合金球压入被测金属的表面(图 2-9),保持规定时间后卸除试验力,用读数显微镜测出印痕平均直径,然后用荷载除以印痕的球形表面积,即布氏硬度值,记为 HBW。

$$HBW = \frac{2F}{\pi D (D - \sqrt{D^2 - d^2})}$$

式中　F——压力值,N;

　　　D——硬质合金球直径,mm;

　　　d——印痕直径,mm。

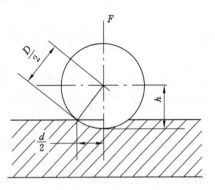

图 2-9　布氏硬度测量原理图

一般来说,布氏硬度值越小,材料越软,其印痕直径越大;反之,布氏硬度值越大,材料越硬,其印痕直径越小。布氏硬度测量的优点是具有较高的测量精度,印痕面积大,能在较大范围内反映材料的平均硬度,测得的硬度值也较准确,数据重复性强。

布氏硬度试验时,压头球体的直径 D、试验荷载 P 及荷载保持的时间 t,应根据被测试金属材料的种类、硬度值的范围及厚度进行选择。常用的压头直径有 1 mm、2 mm、2.5 mm、5 mm 和 10 mm 5 种。试验荷载在 9.807~29.42 kN 范围内。荷载保持的时间:一般黑色金属(铁、锰、铬及其合金)为 10~15 s;有色金属为 30 s;布氏硬度值小于 35 时为 60 s。

布氏硬度值表示方法为:符号 HBW 前面的数值为硬度值,符号后面为试验条件,即球直径、试验力数值及试验力保持时间,采用规定的保持时间(10~15 s)时不用标注。例如:600HBW1/30/20 是指用 1 mm 硬质合金球,在 294 N(30 kgf,1 kgf=9.8 N)试验力作用下保持 20 s,测得的布氏硬度值为 600。

2.3.2　布氏硬度的优缺点

布氏硬度测量时,硬质合金球直径较大,在金属材料表面留下的印痕也较大,测得的硬度值比较准确。

布氏硬度值和抗拉强度之间有一定的关系,因此可按布氏硬度值近似确定金属材料的抗拉强度。

如果被测试金属硬度过高,将影响硬度值的准确性,所以布氏硬度试验一般适用于测定布氏硬度值小于 650 的金属材料。

布氏硬度测量法适用于铸铁、非铁合金、各种退火及调质钢材;对材料表面破坏性大,不适合测量成品,不宜测定太硬、太小、太薄和表面不允许有较大印痕的试样或工件。布氏硬度测试过程比洛氏硬度测试过程复杂,测量操作和印痕测量都比较费时。

2.4　印痕法与布氏硬度试验的关系

布氏硬度测量法中,硬质合金球压入钢材表面,可用于测定钢材的硬度,即钢材抵抗硬物压入表面的能力,即材料表面抵抗塑性变形的能力。

钢材在受拉作用下,塑性变形的开始对应着钢材的屈服强度,塑性变形的结束对应着钢材的抗拉强度。硬质合金球在钢材表面所形成的印痕属于塑性变形,其尺寸与钢材强度必然存在一定关系。

由此可见布氏硬度测量法是根据硬度的定义设计的一种硬度检测方法。项目组提出的印痕法则是根据钢材的微观结构与塑性变形推定钢材强度的一种检测方法。布氏硬度试验与印痕法检测钢材强度是根据硬质合金球压入钢材表面形成凹陷印痕这同一个现象,分析了钢材的硬度和强度。

由于钢材的硬度和强度具有一定的相关性,《黑色金属硬度及强度换算值》(GB/T 1172—1999)中列举了碳钢及合金钢的硬度与抗拉强度之间的换算关系。此换算关系具有一定的局限性:

(1)相比于抗拉强度,既有工程检测鉴定时的计算更需要钢材屈服强度。根据《碳素结构钢》(GB/T 700—2006)和《低合金高强度结构钢》(GB/T 1591—2018),工程中常用钢材的抗拉强度允许区间存在一定的重叠区域(表2-1、图2-10),难以根据现有的布氏硬度值推断钢材的型号,因而难以推断钢材的屈服强度。《黑色金属硬度及强度换算值》(GB/T 1172—1999)等现有标准不能为工程计算提供钢材屈服强度这一重要指标。

表 2-1   各类钢材屈服强度与抗拉强度上、下限值   单位:MPa

屈服强度	抗拉强度下限值	抗拉强度上限值
195	315	430
215	335	450
235	370	500
275	410	540
345	470	630
390	490	650
420	520	680
460	550	720
500	610	770
550	670	830
620	710	880
690	770	940

(2)理论分析表明:印痕与钢材塑性变形有关,弹性变形结束到塑性变形开始阶段与屈服强度相关,塑性变形结束到断裂阶段与钢材抗拉强度相关。印痕

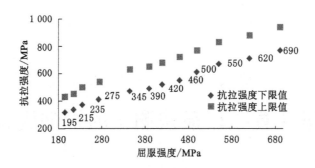

图 2-10　各类钢材屈服强度与抗拉强度上、下限值的关系图

法试验对钢材基本无损伤,未达到破坏或断裂阶段,故相比于印痕直径与抗拉强度的相关性,印痕直径与钢材屈服强度的相关性更强。

　　(3)布氏硬度测试方法为实验室检测方法,不能用于建筑工程的现场检测,工程现场如有需求,则截取试样,推算试样的抗拉强度。印痕法试验主要用于建筑工程的现场无损检测,可根据预先制定的印痕直径-强度关系曲线推定钢材的屈服强度和抗拉强度。

第3章 印痕法测试的影响因素

3.1 压头用球

3.1.1 基本情况

本试验装置中压头由一个硬质合金球和与之配套的压头座组成。

硬质合金球,俗称钨钢球,是以高硬度难熔金属的碳化物(WC、TiC)微米级粉末为主要成分,以钴(Co)或镍(Ni)、钼(Mo)为黏结剂,在真空炉或氢气还原炉中烧结而成的粉末冶金制品。目前常见的硬质合金有 YG、YN、YT、YW 系列,具有硬度高、耐磨、抗腐蚀、抗弯曲等特点。

3.1.2 压头用球的校验

试验前仅需对硬质合金球进行校验,校验的内容包括外观质量、直径、密度、硬度等。每一次检验时从一批球中随机抽取一个,检测其尺寸、密度和硬度,已做过硬度检测的球应予以剔除。

(1) 外观质量:硬质合金球应抛光,无裂纹和肉眼可见的凹坑、气孔、表面腐蚀等表面缺陷。

(2) 直径:球的直径应为在球的不少于 3 个位置上测量的单个测量值的平均值,单个测量值与其标称直径的允许偏差均应不大于 0.005 mm。

(3) 密度:球的密度应为(14.8 ± 0.2) g/cm³。

(4) 硬度:硬度试验按《金属材料 维氏硬度试验 第 1 部分:试验方法》(GB/T 4340.1—2009)的要求,使用至少 4.903 N 的试验力测定的球的维氏硬度不应低于 1 500 HV。硬质合金球可以在球面上直接测定硬度,也可以将球剖开在球的截面上测定硬度。

3.2　影响因素分析

3.2.1　试验过程

加载前将试验机下承压板清理干净,将试样放置在试验机下承压板上,使压头与试件表面接触,无冲击和振动地垂直于试验面施加试验力,直至规定的试验力值。从开始施加到全部试验力施加完毕的时间应在 $2 \sim 10$ s 之间,试验力保持时间为 $10 \sim 20$ s,加荷速度为 $2 \sim 4$ kN/s。试验过程中试件不得发生位移。试验结束量取印痕尺寸后,对试件进行抗拉强度试验。

3.2.2　影响因素

经过综合分析,加荷速度、荷载值、持荷时间、试件在测试方向的厚度、测点与试件边缘距离、试件表面平整度等均可能对试验结果产生影响。每次印痕试验后宜转动硬质合金球,避免球体局部反复受力。

3.3　试验参数选取

3.3.1　压头直径

为了使施加的荷载方便有效,参考布氏硬度试验方法,选用直径为 10 mm 的硬质合金球作为试验用压头。

3.3.2　加载时间

为了探究加载速度与试验结果的关系,项目组采用直径为 10 mm 的硬质合金球,做了不同钢材和不同加载时间对比试验。

(1) 荷载为 7.5 kN 时加载时间对比

项目组研究了分别经过 3 s、5 s、8 s 加载至 7.5 kN 时试件的印痕直径及其差值,见表 3-1 及图 3-1、图 3-2。

表 3-1　荷载为 7.5 kN 时不同加载时间的印痕直径及其差值　单位：mm

试件编号	印痕直径			不同加载时间印痕直径的差值	
	加载 3 s	加载 5 s	加载 8 s	加载 8 s 与加载 3 s	加载 8 s 与加载 5 s
1	2.90	2.90	2.90	0.00	0.00
	2.90	2.90	2.90	0.00	0.00
2	3.00	3.00	3.00	0.00	0.00
	2.95	2.90	3.00	0.05	0.10
3	3.00	3.00	3.00	0.00	0.00
	3.00	2.90	2.90	−0.10	0.00
4	2.70	2.70	2.70	0.00	0.00
	2.90	2.90	2.90	0.00	0.00
5	3.10	3.05	3.05	−0.05	0.00
	2.85	2.80	2.80	−0.05	0.00
6	3.05	3.00	3.00	−0.05	0.00
	2.80	2.75	2.70	−0.10	−0.05
7	2.50	2.55	2.60	0.10	0.05
	2.55	2.55	2.60	0.05	0.05
8	2.80	2.75	2.80	0.00	0.05
	2.85	2.75	2.80	−0.05	0.05
9	2.30	2.35	2.35	0.05	0.00
	2.35	2.40	2.40	0.05	0.00
10	2.60	2.50	2.50	−0.10	0.00
	2.20	2.30	2.20	0.00	−0.10
11	2.40	2.40	2.40	0.00	0.00
	2.50	2.50	2.50	0.00	0.00
12	2.35	2.50	2.50	0.15	0.00
	2.50	2.50	2.50	0.00	0.00

　　从以上结果可以看出：最大荷载为 7.5 kN，加载时间分别为 3 s、5 s 和 8 s 时，印痕直径的差值不大，在 −0.10～0.15 mm 之间随机分布。

　　(2) 荷载为 30 kN 时加载时间对比

　　项目组研究了分别经过 5 s、10 s、15 s 加载至 30 kN 时试件的印痕直径及其差异，见表 3-2 及图 3-3、图 3-4。

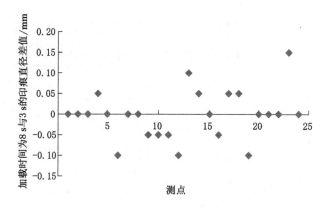

图 3-1　荷载为 7.5 kN 时加载时间为 8 s 和 3 s 的印痕直径差值

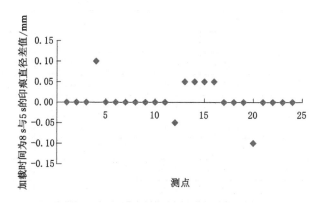

图 3-2　荷载为 7.5 kN 时加载时间为 8 s 和 5 s 的印痕直径差值

表 3-2　荷载为 30 kN 时不同加载时间的印痕直径及其差值　　单位:mm

试件编号	印痕直径			不同加载时间印痕直径的差值	
	加载 5 s	加载 10 s	加载 15 s	加载 15 s 与加载 5 s	加载 15 s 与加载 10 s
1	5.60	5.60	5.50	−0.10	−0.10
	5.60	5.60	5.60	0.00	0.00
2	5.70	5.70	5.70	0.00	0.00
	5.80	5.80	5.85	0.05	0.05
3	5.75	5.85	5.80	0.05	−0.05
	5.80	5.70	5.75	−0.05	0.05

表 3-2(续)

试件编号	印痕直径			不同加载时间印痕直径的差值	
	加载 5 s	加载 10 s	加载 15 s	加载 15 s 与加载 5 s	加载 15 s 与加载 10 s
4	5.40	5.40	5.40	0.00	0.00
	5.40	5.45	5.45	0.05	0.00
5	5.45	5.35	5.35	−0.10	0.00
	5.30	5.30	5.30	0.00	0.00
6	5.35	5.40	5.40	0.05	0.00
	5.35	5.35	5.30	−0.05	−0.05
7	5.10	5.10	5.15	0.05	0.05
	5.20	5.15	5.10	−0.10	−0.05
8	5.40	5.40	5.30	−0.10	−0.10
	5.50	5.40	5.30	−0.20	−0.10
9	4.65	4.65	4.65	0.00	0.00
	4.70	4.60	4.60	−0.10	0.00
10	4.70	4.65	4.60	−0.10	−0.05
	4.75	4.80	4.85	0.10	0.05
11	4.60	4.70	4.60	0.00	−0.10
	4.85	4.85	4.80	−0.05	−0.05
12	4.80	4.80	4.80	0.00	0.00
	4.80	4.80	4.75	−0.05	−0.05

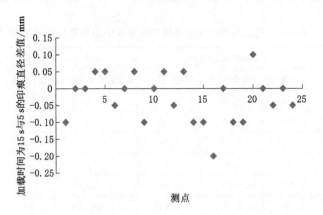

图 3-3 荷载为 30 kN 时加载时间为 15 s 和 5 s 的印痕直径差值

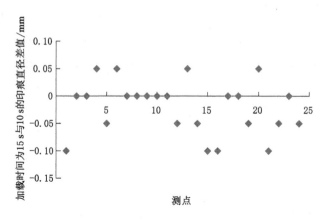

图 3-4 荷载为 30 kN 时加载时间为 15 s 和 10 s 的印痕直径差值

从以上结果可以看出:最大荷载为 30 kN,加荷时间为 5 s、10 s 和 15 s 时,印痕直径的差异不大,在 $-0.20 \sim 0.1$ mm 之间随机分布。

3.3.3 持荷时间

为了探究持荷时间与试验结果的关系,采用直径为 10 mm 的硬质合金球进行了不同钢材和持荷时间的对比试验。

（1）荷载为 7.5 kN 时不同的持荷时间

项目组研究了试件在 7.5 kN 作用下分别持荷 10 s、15 s、30 s 后的印痕直径及其差值,见表 3-3 及图 3-5、图 3-6。

表 3-3 荷载为 7.5 kN 时不同持荷时间的印痕直径及其差值 单位:mm

试件编号	印痕直径			不同持荷时间印痕直径的差值	
	持荷 10 s	持荷 15 s	持荷 30 s	持荷 30 s 与持荷 10 s	持荷 30 s 与持荷 15 s
1	2.90	2.90	2.95	0.05	0.05
	2.90	2.90	2.90	0.00	0.00
2	3.00	3.00	3.10	0.10	0.10
	2.95	2.90	2.95	0.00	0.05
3	2.90	3.00	3.00	0.10	0.00
	3.00	2.90	2.95	−0.05	0.05
4	2.65	2.70	2.65	0.00	−0.05
	2.80	2.90	2.90	0.10	0.00

表 3-3(续)

试件编号	印痕直径			不同持荷时间印痕直径的差值	
	持荷 10 s	持荷 15 s	持荷 30 s	持荷 30 s 与持荷 10 s	持荷 30 s 与持荷 15 s
5	3.00	3.05	3.00	0.00	−0.05
	2.90	2.80	2.90	0.00	0.10
6	3.00	3.00	3.05	0.05	0.05
	2.80	2.75	2.80	0.00	0.05
7	2.65	2.55	2.55	−0.10	0.00
	2.65	2.55	2.65	0.00	0.10
8	2.90	2.75	2.80	−0.10	0.05
	2.90	2.75	2.90	0.00	0.15
9	2.40	2.35	2.40	0.00	0.05
	2.40	2.40	2.40	0.00	0.00
10	2.40	2.50	2.50	0.10	0.00
	2.20	2.30	2.35	0.15	0.05
11	2.40	2.40	2.40	0.00	0.00
	2.50	2.50	2.50	0.00	0.00
12	2.45	2.50	2.50	0.05	0.00
	2.50	2.50	2.50	0.00	0.00

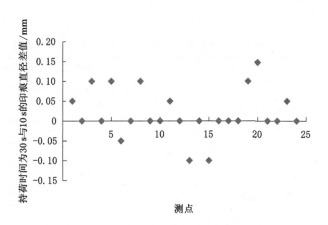

图 3-5　荷载为 7.5 kN 时持荷时间分别为 30 s 和 10 s 的印痕直径差值

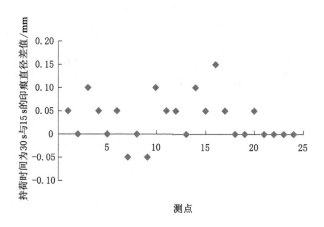

图 3-6　荷载为 7.5 kN 时持荷时间分别为 30 s 和 15 s 的印痕直径差值

从以上结果可以看出:持荷时间为 10 s、15 s 和 30 s 时,印痕直径的差值不大,在 −0.10～0.15 mm 之间随机分布。

(2) 荷载为 30 kN 时不同的持荷时间

项目组研究了试件在 30 kN 作用下分别持荷 15 s、30 s、45 s 时的印痕直径及其差值,见表 3-4 及图 3-7、图 3-8。

表 3-4　荷载为 30 kN 时不同持荷时间的印痕直径及其差值　　单位:mm

试件编号	印痕直径			不同持荷时间印痕直径的差值	
	持荷 15 s	持荷 30 s	持荷 45 s	持荷 45 s 与持荷 15 s	持荷 45 s 与持荷 30 s
1	5.60	5.60	5.60	0.00	0.00
	5.60	5.60	5.70	0.10	0.10
2	5.70	5.75	5.75	0.05	0.00
	5.80	5.80	5.80	0.00	0.00
3	5.85	5.80	5.80	−0.05	0.00
	5.70	5.75	5.75	0.05	0.00
4	5.40	5.40	5.50	0.10	0.10
	5.45	5.50	5.50	0.05	0.00
5	5.35	5.50	5.45	0.10	−0.05
	5.30	5.35	5.40	0.10	0.05

表 3-4(续)

试件编号	印痕直径			不同持荷时间印痕直径的差值	
	持荷 15 s	持荷 30 s	持荷 45 s	持荷 45 s 与持荷 15 s	持荷 45 s 与持荷 30 s
6	5.40	5.40	5.40	0.00	0.00
	5.35	5.30	5.35	0.00	0.05
7	5.10	5.15	5.15	0.05	0.00
	5.15	5.20	5.10	−0.05	−0.10
8	5.40	5.50	5.40	0.00	−0.10
	5.40	5.40	5.40	0.00	0.00
9	4.60	4.75	4.65	0.05	−0.10
	4.65	4.80	4.80	0.15	0.00
10	4.80	4.80	4.80	0.00	0.00
	4.70	4.95	4.90	0.20	−0.05
11	4.85	4.80	4.80	−0.05	0.00
	4.80	4.75	4.80	0.00	0.05
12	4.80	4.80	4.80	0.00	0.00
	4.80	4.80	4.85	0.05	0.05

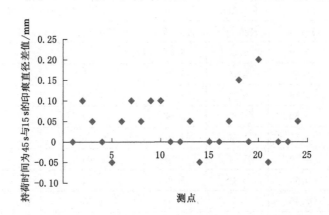

图 3-7 荷载为 30 kN 时持荷时间分别为 45 s 和 15 s 的印痕直径差值

从以上结果可以看出：持荷时间为 15 s、30 s 和 45 s 时，印痕直径的差值不

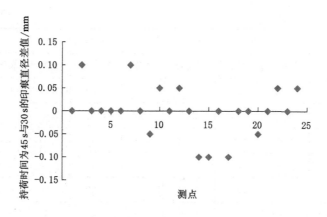

图 3-8　荷载为 30 kN 时持荷时间分别为 45 s 和 30 s 的印痕直径差值

大,在－0.10～0.20 mm 之间随机分布。

3.3.4　表面氧化层影响

　　为探究试件表面氧化层对试验结果的影响,项目组采用直径为 10 mm 的硬质合金球,做了钢材表面有、无氧化层对试验结果影响的对比试验,试验结果见表 3-5、表 3-6。

表 3-5　各级荷载作用下钢材表面有、无氧化层时印痕直径对比表 1　　单位:mm

钢材牌号	序号	10 s-35 kN-20 s		10s-30 kN-20 s		8s-25 kN-15 s		8s-20 kN-15 s	
		氧化层	光面	氧化层	光面	氧化层	光面	氧化层	光面
Q345	1	5.10	5.15	4.35	4.35	4.80	4.80	3.95	4.00
	2	5.05	5.15	4.30	4.35	4.60	4.80	3.90	4.00
	3	5.10	5.10	4.30	4.40	4.70	4.80	3.90	4.00
	4	5.10	5.15	4.30	4.35	4.80	4.75	3.95	4.00
	5	5.00	5.20	4.30	4.35	4.80	4.80	4.00	4.00
	6	5.00	5.20	4.35	4.40	4.70	4.75	3.90	4.00
	7	5.05	5.20	4.30	4.35	4.70	4.75	4.00	4.00
	8	5.05	5.20	4.30	4.35	4.80	4.80	3.95	4.00
	平均值	5.06	5.17	4.31	4.36	4.74	4.78	3.94	4.00

表 3-5(续)

钢材牌号	序号	10 s-35 kN-20 s		10s-30 kN-20 s		8s-25 kN-15 s		8s-20 kN-15 s	
		氧化层	光面	氧化层	光面	氧化层	光面	氧化层	光面
Q235	1	5.95	6.00	4.95	5.15	5.50	5.50	4.50	4.55
	2	5.90	6.00	4.95	5.10	5.45	5.50	4.50	4.55
	3	5.85	6.00	4.90	5.10	5.40	5.50	4.50	4.60
	4	5.95	6.00	5.10	5.05	5.40	5.50	4.45	4.55
	5	5.90	5.90	4.90	5.10	5.40	5.50	4.50	4.50
	6	5.90	5.90	4.90	5.05	5.40	5.50	4.55	4.50
	7	5.90	5.90	4.95	5.00	5.50	5.50	4.45	4.50
	8	5.90	5.95	4.95	5.00	5.40	5.55	4.50	4.55
	平均值	5.91	5.96	4.95	5.07	5.43	5.51	4.49	4.54

注:表中 10 s-35 kN-20 s 是指加荷时间-压力值-持荷时间,下同。

表 3-6 各级荷载作用下钢材表面有、无氧化层时印痕直径对比表 2   单位:mm

钢材牌号	序号	5 s-15 kN-15 s		5 s-10 kN-15 s		3 s-7.5 kN-15 s		3 s-5 kN-15 s	
		氧化层	光面	氧化层	光面	氧化层	光面	氧化层	光面
Q345	1	3.40	3.50	3.00	2.95	2.50	2.50	2.20	2.00
	2	3.40	3.45	3.00	2.90	2.50	2.50	2.20	2.05
	3	3.40	3.40	2.95	2.90	2.50	2.50	2.10	2.05
	4	3.40	3.40	3.00	2.90	2.50	2.50	2.10	2.10
	5	3.40	3.40	3.00	2.90	2.50	2.50	2.05	2.20
	6	3.45	3.45	3.00	2.90	2.50	2.55	2.00	2.05
	7	3.45	3.45	3.00	2.90	2.50	2.50	2.00	2.10
	8	3.45	3.45	3.00	2.90	2.60	2.50	2.10	2.05
	平均值	3.41	3.44	2.99	2.91	2.51	2.51	2.09	2.08

表 3-6(续)

钢材牌号	序号	5 s-15 kN-15 s		5 s-10 kN-15 s		3 s-7.5 kN-15 s		3 s-5 kN-15 s	
		氧化层	光面	氧化层	光面	氧化层	光面	氧化层	光面
Q235	1	3.80	4.00	3.25	3.30	2.70	2.90	2.40	2.50
	2	3.90	4.05	3.20	3.30	2.70	2.95	2.40	2.45
	3	3.85	4.05	3.20	3.30	2.80	2.90	2.40	2.45
	4	3.90	4.05	3.20	3.35	2.85	2.90	2.35	2.40
	5	3.90	3.95	3.20	3.25	2.80	2.90	2.40	2.35
	6	3.90	4.00	3.20	3.20	2.80	2.85	2.35	2.35
	7	3.90	3.95	3.20	3.20	2.85	2.85	2.40	2.30
	8	3.85	3.95	3.20	3.20	2.80	2.80	2.40	2.30
	平均值	3.88	4.00	3.21	3.26	2.79	2.88	2.39	2.39

从表 3-5 和表 3-6 可以看出:当钢材表面存在氧化层时,印痕直径略有减小,且对数据读取造成不便,误差较大。

当压力较大时,钢板表面有、无氧化层区别尚不明显,印痕边缘均较为清晰,量取印痕直径均不困难,如图 3-9 和图 3-10 所示。

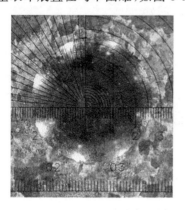 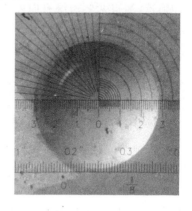

图 3-9　有氧化层时印痕直径的读取　　　图 3-10　去除氧化层后印痕直径的读取

但是,当压力较小时,钢板表面氧化层对测试结果影响较为明显,印痕边缘较难判断,量取印痕直径存在较大误差,如图 3-11 所示。

因此,印痕法试验前应采用打磨等方式去除氧化层,使试件表面平坦光滑。

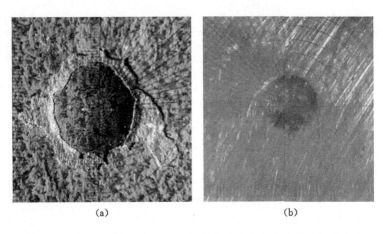

(a)   (b)

图 3-11   钢材表面存在氧化层且压力较小时的印痕及其直径的读取

3.3.5   厚度、边缘的影响

项目组研究了薄试件的影响,制作厚度×宽度×长度分别为 3 mm× 20 mm×500 mm、2 mm×20 mm×500 mm 各 4 个薄钢板试样,对比同一加载值下薄钢板试件与正常试件印痕尺寸。

当试件较薄时,印痕试验结束后,试件有明显的整体弯曲变形,测点的背面有挤印痕迹,测点两侧边缘有向外的变形(图 3-12)。

图 3-12   试件较薄时的变形情况

由此规定:印痕法检测时,试件厚度应大于等于 8 倍印痕深度,印痕中心距试件边缘应大于等于 2 倍印痕直径,印痕中心间距应大于等于 3 倍印痕直径。

如图 3-13 所示,由相交弦定理可知:

$$\left(\frac{d}{2}\right)^2 = h(D-h)$$

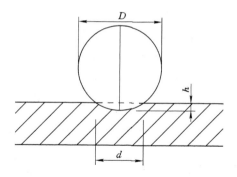

图 3-13　试件厚度与印痕深度的关系

解得：

$$h = \frac{D - \sqrt{D^2 - d^2}}{2}$$

钢结构构件最小截面厚度一般为 4 mm，此时印痕深度不应大于 0.5 mm，印痕直径不应大于 4.36 mm，选用测试压力时应予以注意。

3.4　有限元分析

3.4.1　有限元模型的建立

（1）基本假定

问题描述：用一定大小的荷载将硬质合金球压入钢材表面（图 3-14），保持规定时间后卸除试验力，测得印痕平均直径。

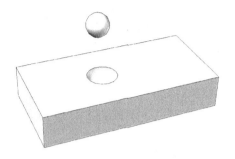

图 3-14　试验简图

在有限元分析中作如下假定：

① 硬质合金球在受力过程中不产生变形；

② 钢材的尺寸（长度和宽度）不对受力产生影响。

（2）本构关系

钢材的本构关系按《钢结构设计标准》（GB 50017—2017）规定采用，泊松比取 0.3，硬质合金球与钢板表面的滑动摩擦系数取 0.2。钢材力学性能见表 3-7。

表 3-7　钢材力学性能　　　　　　　　　　单位：MPa

钢材牌号	屈服强度	抗拉强度	弹性模量
Q235	235	430	206 000
Q345	345	550	206 000

钢材的弹塑性应力-应变关系曲线如图 3-15 所示。

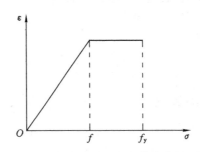

图 3-15　钢材的弹塑性应力-应变关系曲线

硬质合金球直径为 10 mm，相对于钢材，硬质合金球基本不变形。实际计算时，硬质合金球的屈服强度、抗拉强度和弹性模量均取钢材的 10 倍。

（3）网格剖分

前处理时，在距印痕不同距离的位置采用不同尺寸的网格剖分（图 3-16），以减小计算量和提高计算精度。小球和钢材均采用实体单元 solid185。

（4）计算工况

本次计算共考虑 4 种工况，硬质合金球压入钢材表面后印痕的直径以及钢材变形和受力情况见表 3-8。

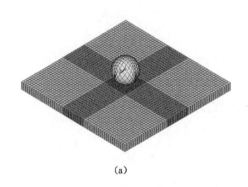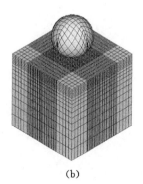

(a)　　　　　　　　　　　　　　　(b)

图 3-16　钢板网格剖分

表 3-8　计算工况表

工况	钢材牌号	厚度 t/mm	压力 P/kN
1	Q235	3	25
2	Q235	20	25
3	Q345	20	25
4	Q345	60	25

3.4.2　计算结果

（1）工况 1

工况 1 时钢板变形云图和应力云图分别如图 3-17 和图 3-18 所示。

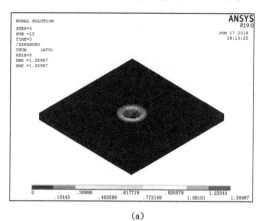

(a)

图 3-17　钢板变形云图（工况 1）

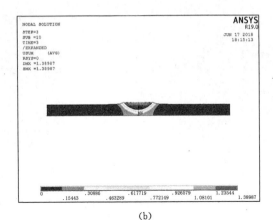

(b)

图 3-17(续)

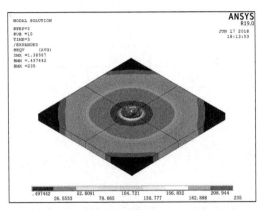

(a)

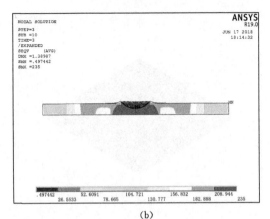

(b)

图 3-18 钢板应力云图(工况 1)

硬质合金球压入的核心区域内应力达到 150 MPa 以上的区域范围约为直径 37.5 mm 的圆,钢板正面和背面均已屈服。

压入深度为 1.389 9 mm,印痕直径为 5.896 mm。压入核心区域内钢板正面和背面变形明显。

（2）工况 2

工况 2 时钢板变形云图和应力云图分别如图 3-19 和图 3-20 所示。

QS＝235.000 000;RS＝2.828 427 12;THICK＝20.000 000 0

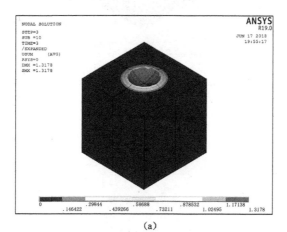

（a）

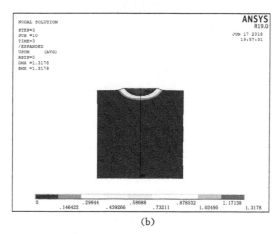

（b）

图 3-19　钢板变形云图(工况 2)

硬质合金球压入的核心区域内,钢板背面未屈服,应力达到 150 MPa 以上的区域范围约为直径 22 mm 的圆,大于 150 MPa 的区域深度约 6 mm

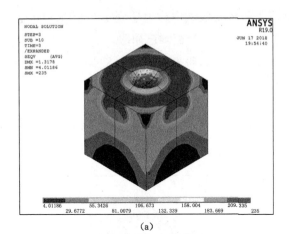

(a)

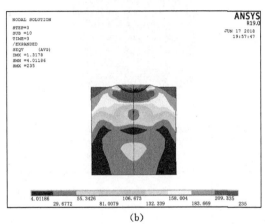

(b)

图 3-20　钢板应力云图(工况 2)

(图 3-19)。

　　压入深度为 1.317 8 mm,印痕直径为 5.657 mm。压入核心区域内钢板背面变形不明显。

　　(3) 工况 3

　　工况 3 时钢板变形云图和应力云图分别如图 3-21 和图 3-22 所示。

　　硬质合金球压入的核心区域内钢板背面未屈服,应力达到 150 MPa 以上的区域范围约为直径 19 mm 的圆,大于 150 MPa 的区域深度约为 5 mm。

　　压入深度为 0.776 0 mm,印痕直径为 5.315 1 mm。压入核心区域内钢板背面变形不明显。

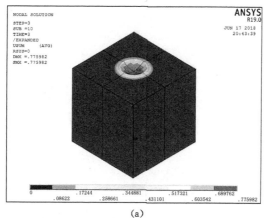

(a)

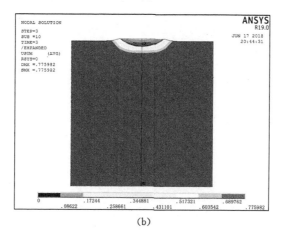

(b)

图 3-21 钢板变形云图(工况 3)

(4)工况 4

工况 4 时钢板变形云图和应力云图分别如图 3-23 和图 3-24 所示。

硬质合金球压入的核心区域内,钢板背面未屈服,应力达到 150 MPa 以上的区域范围约为直径 16 mm 的圆,大于 150 MPa 的区域深度约为 5 mm。

压入深度为 0.776 2 mm,印痕直径为 5.315 1 mm。压入核心区域内钢板背面无变形。

3.4.3 结果分析

(1)钢板厚度的影响分析

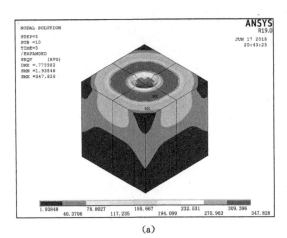

(a)

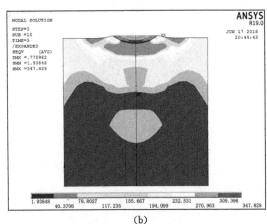

(b)

图 3-22　钢板应力云图(工况 3)

由工况 1 和工况 2 可以看出:钢板较薄(3 mm)时,钢板背面屈服,横向变形和大于 150 MPa 高应力的范围较大。钢板太薄对钢材影响较大。钢板较厚(20 mm)时,钢板背面应力较小,横向变形和大于 150 MPa 高应力的范围也较小。正面印痕对钢材背面基本没有影响。

由工况 3 和工况 4 可以看出:钢板较厚时,随着厚度的增加,钢板横向变形和高应力范围变化不大。正面印痕对钢材背面基本没有影响。

由此可以得出结论:钢板厚度对本方法有一定的影响。当钢板较薄时,钢板背面屈服,横向变形较大,印痕直径可能偏大;当钢板厚度增加到一定值以后,这种影响逐渐变小,趋于不明显。

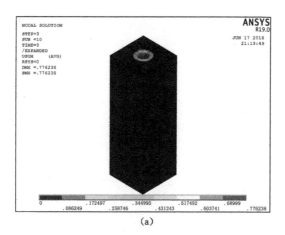

(a)

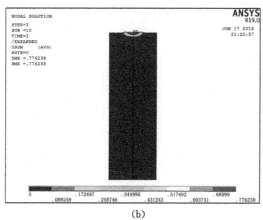

(b)

图 3-23　钢板变形云图(工况 4)

(2) 钢板强度的影响分析

由工况 2 和工况 3 可以看出(小球压力、钢板厚度等其他条件一致):Q235钢板的印痕深度为 1.317 8 mm,印痕直径为 5.657 mm,大于 150 MPa 的高应力区域横向约为直径 22 mm 的圆,深度约为 6 mm。Q345 钢板的印痕深度为0.776 0 mm,印痕直径为 5.315 1 mm,大于 150 MPa 的高应力区域横向约为直径 19 mm 的圆,深度约为 5 mm。

由工况 3 和工况 4 可以看出:在小球压力、钢材强度等其他条件一致的情况下,厚度为 20 mm 的钢板与厚度为 60 mm 的钢板的高应力影响区域和印痕直径较为接近,即钢板厚度增加到一定值后,厚度影响逐渐变小,区域不明显。

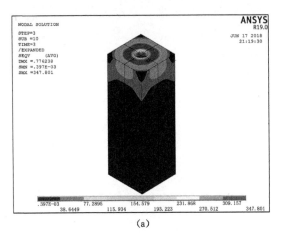

(a)

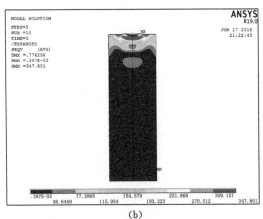

(b)

图 3-24　钢板应力云图(工况 4)

　　由此可以得出结论:钢板厚度对印痕后应力影响区域和印痕直径有较大影响,钢板厚度超过某一值后,厚度变化产生的影响可以忽略不计。可以通过测量印痕直径推断钢材的强度。

3.5　本章小结

　　项目组经过一系列的比对试验和有限元分析,对比了加载时间、持荷时间、试件表面有无氧化层、钢板厚度等方面的影响,确定了印痕法检测钢材强度的试验方法。

3.5.1 压头用球

硬质合金球的基本要求见表 3-9。

表 3-9 硬质合金球的基本要求

项目	要求
外观质量	表面应抛光,无裂纹和肉眼可见的凹坑、气孔、表面腐蚀等表面缺陷
直径	直径为 10 mm 的硬质合金球,在球的不少于 3 个位置上的测量值与其标称直径的允许偏差应不大于 0.005 mm
密度	(14.8±0.2) g/cm³
硬度	按照《金属材料 维氏硬度试验 第 1 部分:试验方法》(GB/T 4340.1—2009)的要求,使用至少 4.903 N 的试验力测定的球的维氏硬度不应低于 1 500 HV。硬质合金球可以在球面上直接测定硬度,也可以将球剖开在球的截面上测定硬度。做过硬度检测的球不应再用于印痕试验

3.5.2 试验要求

印痕法试验要求见表 3-10。

表 3-10 印痕法试验要求

压力值/kN	5	7.5	10	15	20	25	30	35
加荷时间/s	3	3	5	5	8	8	10	10
持荷时间/s	15	15	15	15	15	15	20	20
表示方法	3 s-5 kN -15 s	3 s-7.5 kN -15 s	5 s-10 kN -15 s	5 s-15 kN -15 s	8 s-20 kN -15 s	8 s-25 kN -15 s	10 s-30 kN -20 s	10 s-35 kN -20 s

3.5.3 试件要求

印痕法检测时,试件厚度应大于等于 8 倍印痕深度,印痕中心距试件边缘的距离应大于等于 2.5 倍印痕直径,印痕中心间距应大于等于 3 倍印痕直径。试验前应采用适当方式去除试件被测部位的氧化层,使试件表面平坦光滑。

3.5.4 试验过程

加载前将试验机下承压板清理干净,将试样稳固放置在试验机下承压板上,使压头与试件表面接触,无冲击和振动地垂直于试验面施加试验力,直至规定的试验力值。从开始施加试验力到全部试验力施加完毕的时间应在 3～10 s 之间,试验力保持时间为 15～20 s。试验过程中试件不得发生位移。试验结束并量取印痕尺寸后,对试件进行抗拉强度试验。

第 4 章　印痕法试验

4.1　试验概况

本章在实验室建立钢材强度-印痕直径关系曲线,为采用印痕法检测钢材强度技术的第一步。

本项目分 3 个批次选购了 Q235、Q345 钢板,厚度为 8 mm,加工成抗拉试件;购置了直径为 16~25 mm 的 HRB400 钢筋,端部铣平,加工成抗拉试件。试验分为以下几个步骤:(1)进行各级荷载作用下的印痕试验;(2)量取印痕直径;(3)对试件进行拉伸试验,测试其屈服强度和抗拉强度;(4)建立某级荷载作用下的印痕直径-屈服强度关系曲线和印痕直径-抗拉强度关系曲线。

经测试,本项目所选购钢板的强屈比较为接近,一般为 1.4~1.6,由此建立的印痕直径-屈服强度关系曲线和印痕直径-抗拉强度关系曲线的相关性接近。为区分两条曲线中哪一条相关性更明显,对一些试样进行了冷拉,以提高这些试件的屈服强度,冷拉后强屈比一般为 1.02~1.22。

4.2　试验方案

4.2.1　试验装置

试验采用 MTS 结构试验加载系统,可以通过预先编辑加载程序,实现对试件的加载、持荷、卸荷,有效提高试验精度和效率。

项目组设计了一种实验室用压头(图 4-1),采用磁力吸附在试验机承压板上,实现试验机对钢材的加载(图 4-2)。

（a）   （b）

图 4-1　实验室用压头

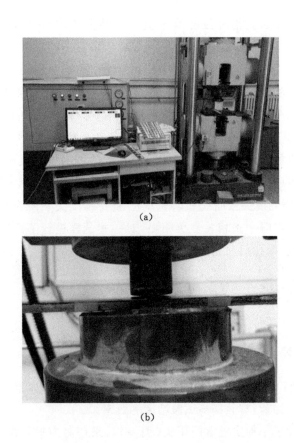

（a）

（b）

图 4-2　实验室中印痕法试验

4.2.2 加载程序

按第 2 章确定的基本参数和加载程序,确定加载时间为 3～10 s;持荷时间为 15～20 s,如图 4-3 所示。荷载为 5 kN(3 s-5 kN-15 s)、7.5 kN(3 s-7.5 kN-15 s)、10 kN(5 s-10 kN-15 s)、15 kN(5 s-15 kN-15 s)、20 kN(8 s-20 kN-15 s)、25 kN(8 s-25 kN-15 s)、30 kN(10 s-30 kN-20 s)、35 kN(10 s-35 kN-20 s)。加载程序如图 4-3 所示。

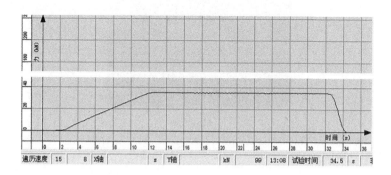

图 4-3 加载程序

4.2.3 钢板试验试件

试件钢材牌号为 Q235、Q345,试验前加工成钢条,每 30～40 mm 设一印痕检测点。按既定的加载程序进行加载、持荷、卸荷(图 4-4、图 4-5)。

图 4-4 印痕法测试

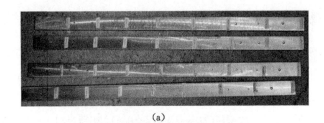

(a)

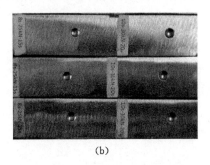

(b)

图 4-5   加载结束后的试件

加载结束后量取每种工况下的印痕直径,在两个相互垂直方向测量印痕直径,取 2 个读数的平均值作为该工况下的印痕直径(图 4-6)。

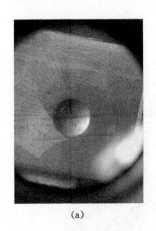   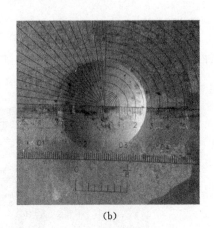

(a)   (b)

图 4-6   测量钢材表面印痕直径(放大镜下效果)

4.2.4　钢筋试验试件

采用工程常用的 HRB400 钢筋进行试验验证。试验前打磨掉部分钢筋中部的横肋(图 4-7),并保持原有弧度和外形不变(图 4-8、图 4-9)。将试验夹持端打磨成宽度为 5~10 mm 的平面(图 4-8、图 4-10)。

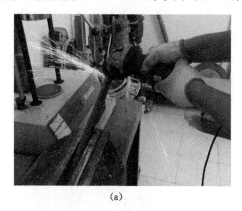

(a)

(b)

图 4-7　钢筋表面加工

图 4-8　打磨后的钢筋表面　　　　图 4-9　钢筋中部打磨后的弧面

在打磨后的弧面和平面,每间隔 30~40 mm 设一印痕检测点,按既定的加载程序进行加载、持荷、卸荷。

为提高试验效率,通过分析钢板的测试数据,钢筋印痕试验不再考虑 7.5 kN(3 s-7.5 kN-15 s)、10 kN(5 s-10 kN-15 s)、15 kN(5 s-15 kN-15 s)3 种荷载。试验时荷载为 20 kN(8 s-20 kN-15 s)、25 kN(8 s-25 kN-15 s)、30 kN(10 s-30 kN-20 s)3 种。

加载结束后,钢筋端部平面上的印痕为圆形,钢筋中部弧面的印痕为椭圆形。对于端部平面的圆形,在两个垂直方向上分别量取其直径,求平均值;对于中部弧面的椭圆形,则分别量取其长轴和短轴长度(图 4-11 至图 4-14)。

图 4-10　钢筋端部打磨后的平面

图 4-11　印痕直径测量

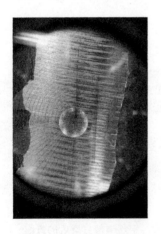

图 4-12　钢筋端部平面印痕测量

图 4-13　钢筋中部弧面印痕测量

图 4-14　钢筋中部弧面印痕细部

4.3　拉伸试验

4.3.1　钢板试验方法

印痕直径检验完毕,采用拉伸试验机进行钢材强度测试。试验方法参照《金属材料 拉伸试验 第 1 部分:室温试验方法》(GB/T 228.1—2010),对所有测量印痕直径后的钢板进行拉伸试验,测试其屈服强度和抗拉强度(图 4-15)。

（a）试验前

（b）试验后

图 4-15　拉伸试验前、后的试件

从试件破坏状态(图 4-16)可以看出:试件断裂位置随机分布,绝大部分断裂位置不与印痕位置重合,说明印痕法测试基本不影响钢材的强度值,也未造成局部损伤,属于非破损检测。

图 4-16　试件破坏状态

4.3.2　钢筋试验方法

印痕直径检验完毕,采用拉伸试验机进行钢材强度测试。试验方法参照《金属材料 拉伸试验 第 1 部分:室温试验方法》(GB/T 228.1—2010),对所有测量印痕直径后的钢筋进行拉伸试验,测试其屈服强度和抗拉强度。拉伸试验前、后的试样分别如图 4-17 和图 4-18 所示,试件破坏详图如图 4-19所示。

图 4-17　拉伸试验前的试件

图 4-18　拉伸试验后的试件

图 4-19　试件破坏详图

钢筋端部铣成平面,对钢筋截面影响较大。但此处为试验夹持区域,不影响钢材强度的测试。从试件破坏状态(图 4-18、图 4-19)可以看出:钢筋试件断裂位置在打磨区域随机分布,但绝大部分断裂位置与印痕位置不重合,说明印痕法测试基本不影响钢材的强度和拉力值,也未造成局部损伤,属于非破损检测。

4.3.3　试验结果

材料试验结果的部分数据见表 4-1 和表 4-2。

项目组发现当钢板强屈比较小时,即钢板经过冷拉处理后印痕直径与未冷拉钢板差别较大,其主要原因是:钢板冷拉后,与普通钢材内部原子排列相比,其内部原子排列产生了变形,印痕直径与钢材强度的相互关系与普通钢材相比发生了变化,故本次试验不再冷拉后推定钢材的强度。

项目组还发现钢筋弧面椭圆形印痕长短轴直径偏差较大,其主要原因是:即使直径相同的钢筋,各处的曲率也不一样,再加上打磨横肋的影响,在不同曲率位置得到的印痕,椭圆形外形的长、短轴有一定的差别。在以后的试验中,项目组取消了在钢筋弧面测量,仅在打磨平整的部位进行试验。

表 4-1 印痕法及拉伸试验数据(部分)

编号	印痕直径/mm								屈服强度/MPa	抗拉强度/MPa	强屈比
	10 s-35 kN-20 s	10 s-30 kN-20 s	8 s-25 kN-15 s	8 s-20 kN-15 s	5 s-15 kN-15 s	5 s-10 kN-15 s	3 s-7.5 kN-15 s	3 s-5 kN-15 s			
1	5.65	5.20	4.82	4.30	3.80	3.10	2.72	2.14	287.2	454.0	1.58
2	5.77	5.33	4.83	4.37	3.80	3.10	2.72	2.23	283.2	447.6	1.58
3	5.50	5.22	4.75	4.25	3.70	2.98	2.63	2.18	263.6	416.6	1.58
4	5.78	5.48	5.00	4.50	3.92	3.18	2.75	2.27	262.2	400.0	1.53
5	5.35	5.00	4.63	4.15	3.65	3.01	2.56	2.21	281.3	418.8	1.49
6	5.76	5.25	4.80	4.40	3.90	3.19	2.78	2.33	277.7	413.5	1.49
7	5.40	4.96	4.65	4.19	3.68	3.00	2.66	2.19	316.7	472.5	1.49
8	5.39	4.94	4.53	4.15	3.59	2.98	2.58	2.14	294.9	440.0	1.49
9	5.39	4.93	4.63	4.18	3.64	3.03	2.61	2.20	297.5	455.0	1.53
10	5.30	4.85	4.50	4.03	3.50	3.00	2.47	2.08	346.8	495.0	1.43
11	5.18	4.90	4.47	4.00	3.50	2.90	2.52	2.10	342.5	498.0	1.45
12	5.18	4.87	4.50	4.00	3.55	2.98	2.52	2.10	360.0	537.5	1.49
13	5.18	4.78	4.32	3.95	3.53	2.85	2.55	2.07	360.0	537.5	1.49
14	5.03	4.78	4.40	3.92	3.43	2.95	2.48	2.05	380.2	537.9	1.41
15	5.00	4.68	4.30	3.82	3.33	—	—	—	443.1	520.0	1.17
16	5.03	4.70	4.25	3.83	3.37	—	—	—	443.1	515.0	1.16
17	5.53	5.06	4.65	4.19	3.63	—	—	—	372.7	400.0	1.07
18	5.05	4.60	4.30	3.97	3.43	—	—	—	400.0	485.0	1.21
19	5.24	4.85	4.46	3.98	3.50	—	—	—	400.5	455.0	1.14

表4-2　钢筋印痕及拉伸试验数据（部分）（平面时为印痕直径，弧面时为印痕长短轴直径）

编号	钢筋直径/mm	类型	10 s-30 kN-20 s 直径(长短轴)/mm		8 s-25 kN-15 s 直径(长短轴)/mm		8 s-20 kN-15 s 直径(长短轴)/mm		屈服强度/MPa	抗拉强度/MPa
			长轴	短轴	长轴	短轴	长轴	短轴		
1	25	钢筋铣平后平面	4.75		4.00		3.90		389	576
		钢筋磨掉肋后弧面	4.30	4.00	4.25	3.90	3.60	3.35		
2		钢筋铣平后平面	4.36		4.03		4.10		386	578
		钢筋磨掉肋后弧面	4.70	4.20	4.40	3.80	3.68	3.10		
3		钢筋铣平后平面	4.40		4.00		4.05		388	575
		钢筋磨掉肋后弧面	4.85	4.13	4.38	3.80	3.61	3.35		
4	20	钢筋铣平后平面	4.52		4.16		3.83		431	548
		钢筋磨掉肋后弧面	4.50	4.00	4.30	3.52	3.62	3.20		
5		钢筋铣平后平面	4.58		4.21		4.00		443	558
		钢筋磨掉肋后弧面	4.50	3.90	4.12	3.45	3.80	3.30		
6		钢筋铣平后平面	4.68		4.20		3.78		437	553
		钢筋磨掉肋后弧面	4.50	3.78	4.40	3.28	3.61	3.12		
7	22	钢筋铣平后平面	4.48		4.14		3.76		470	596
8		钢筋铣平后平面	4.45		4.12		3.72		465	591
9		钢筋铣平后平面	4.49		4.13		3.74		472	604
10	18	钢筋铣平后平面	4.38		4.04		3.71		507	630
11		钢筋铣平后平面	4.50		4.09		3.68		485	603
12		钢筋铣平后平面	4.38		4.04		3.68		505	620

表 4-2（续）

编号	钢筋直径/mm	类型	10 s-30 kN-20 s 直径(长短轴)/mm	8 s-25 kN-15 s 直径(长短轴)/mm	8 s-20 kN-15 s 直径(长短轴)/mm	屈服强度/MPa	抗拉强度/MPa
13	16	钢筋铣平后平面	4.76	4.37	3.93	442	572
14		钢筋铣平后平面	4.81	4.38	3.93	458	571
15		钢筋铣平后平面	4.79	4.40	3.99	452	571

第5章　试验数据回归分析

项目组对所有试件的印痕直径-抗拉强度和印痕直径-屈服强度的关系曲线进行了回归,压力分别为 35 kN、30 kN、25 kN、20 kN、15 kN、10 kN、7.5 kN、5 kN。

回归时运用指数函数、线性函数、对数函数、二次多项式函数、幂函数。回归数据包括所有试件的数据、剔除强屈比小于 1.15 的试件的数据、剔除所有冷拉试件的数据 3 种。

5.1　压力为 35 kN 时印痕直径与强度的关系

5.1.1　压力为 35 kN 时印痕直径-抗拉强度回归曲线

项目组建立了试件印痕直径-抗拉强度回归曲线,曲线的函数类型分别为指数函数、线性函数、对数函数、二次多项式函数、幂函数。

所有试样回归曲线的相关系数在 0.739～0.742 之间;剔除冷拉试件中强屈比小于 1.15 的数据后,各函数的相关系数在 0.853～0.854 之间;剔除所有冷拉试件数据后,各函数的相关系数在 0.854～0.875 之间(表 5-1)。

表 5-1　压力为 35 kN 时印痕直径-强度回归曲线的相关系数

函数类型	屈服强度曲线相关系数			抗拉强度曲线相关系数		
	所有数据	剔除强屈比小于 1.15 的数据	剔除冷拉试件数据	所有数据	剔除强屈比小于 1.15 的数据	剔除冷拉试件数据
指数	0.843	0.903	0.885	0.740	0.854	0.854
线性	0.832	0.888	0.888	0.739	0.854	0.855
对数	0.835	0.894	0.889	0.740	0.854	0.858
二次多项式	0.846	0.946	0.908	0.742	0.854	0.875
幂	0.845	0.925	0.888	0.741	0.853	0.856

以上数据表明:冷拉后强屈比大于 1.15 的试件与未冷拉试件具有相近的曲线关系(图 5-1),其中均以二次多项式的相关系数为最大,曲线二次多项式函数为:

$$R_{m} = 6.3713d_{35}^{2} - 210.62d_{35} + 1\ 425.5 \qquad (5\text{-}1)$$

式中　R_{m}——试件抗拉强度;

　　d_{35}——压力为 35 kN 时的印痕直径。

本曲线的相关系数 $r = 0.854$。

5.1.2　压力为 35 kN 时印痕直径-屈服强度回归曲线

项目组建立了试件印痕直径-屈服强度回归曲线,曲线的函数类型同样分别为指数函数、线性函数、对数函数、二次多项式函数、幂函数。

所有试样回归曲线的相关系数在 0.832～0.846 之间;剔除冷拉试件中强屈比小于 1.15 的数据后,各函数的相关系数在 0.888～0.946 之间;剔除所有冷拉试件数据后,各函数的相关系数在 0.885～0.908 之间(表 5-1)。

以上数据表明:冷拉后强屈比大于 1.15 的试件与未冷拉试件具有相近的曲线关系(图 5-2),其中均以二次多项式的相关系数为最大,曲线二次多项式函数为:

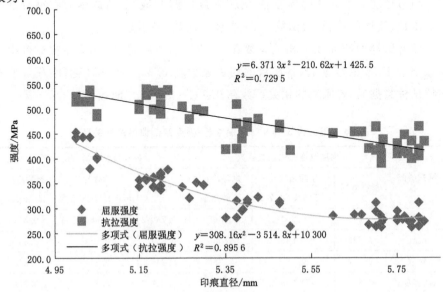

图 5-1　压力为 35 kN 时印痕直径-强度回归曲线

$$R_{eL} = 308.16d_{35}^2 - 3\,514.8d_{35} + 10\,300 \qquad (5\text{-}2)$$

式中　R_{eL}——试件屈服强度;

　　　d_{35}——压力为 35 kN 时的印痕直径。

本曲线的相关系数 $r = 0.946$。

5.2　压力为 30 kN 时印痕直径与强度的关系

5.2.1　压力为 30 kN 时印痕直径-抗拉强度回归曲线

项目组建立了试件印痕直径-抗拉强度回归曲线,曲线的函数类型分别为指数函数、线性函数、对数函数、二次多项式函数、幂函数。

所有试样回归曲线的相关系数在 $0.728 \sim 0.732$ 之间;剔除冷拉试件中强屈比小于 1.15 的数据后,各函数的相关系数在 $0.842 \sim 0.845$ 之间;剔除所有冷拉试件数据后,各函数的相关系数在 $0.843 \sim 0.848$ 之间(表 5-2)。

表 5-2　压力为 30 kN 时印痕直径-强度回归曲线的相关系数

函数类型	屈服强度曲线相关系数			抗拉强度曲线相关系数		
	所有数据	剔除强屈比小于 1.15 的数据	剔除冷拉试件数据	所有数据	剔除强屈比小于 1.15 的数据	剔除冷拉试件数据
指数	0.839	0.895	0.888	0.731	0.845	0.844
线性	0.824	0.874	0.884	0.727	0.842	0.843
对数	0.827	0.880	0.886	0.728	0.842	0.845
二次多项式	0.837	0.918	0.899	0.729	0.842	0.858
幂	0.841	0.899	0.890	0.732	0.844	0.846

以上数据表明:冷拉后强屈比大于 1.15 的试件与未冷拉试件具有相近的曲线关系,各曲线相关系数相近。为统一起见,项目组取二次多项式的函数曲线作为关系曲线,其函数为:

$$R_m = 1.981\,9d_{30}^2 - 131.5d_{30} + 1\,182.2 \qquad (5\text{-}3)$$

式中　R_m——试件抗拉强度;

　　　d_{30}——压力为 30 kN 时的印痕直径。

本曲线的相关系数 $r = 0.842$,平均相对误差 $\delta = 4.03\%$,相对标准差 $e_r =$

5.15%。

5.2.2 压力为 30 kN 时印痕直径-屈服强度回归曲线

项目组建立了试件印痕直径-屈服强度回归曲线,曲线的函数类型同样分别为指数函数、线性函数、对数函数、二次多项式函数、幂函数。

所有试样回归曲线的相关系数在 0.824~0.841 之间;剔除冷拉试件中强屈比小于 1.15 的数据后,各函数的相关系数在 0.874~0.918 之间;剔除所有冷拉试件数据后,各函数的相关系数在 0.884~0.899 之间(表 5-2)。

以上数据表明:冷拉后强屈比大于 1.15 的试件与未冷拉试件具有相近的曲线关系(图 5-2),其中均以二次多项式的相关系数为最大,曲线二次多项式函数为:

$$R_{eL} = 292.02d_{30}^2 - 3\ 126.3d_{30} + 8\ 642.7 \tag{5-4}$$

式中　R_{eL}——试件屈服强度;

　　　d_{30}——压力为 30 kN 时的印痕直径。

本曲线的相关系数 $r=0.918$,平均相对误差 $\delta=4.45\%$,相对标准差 $e_r=5.81\%$。

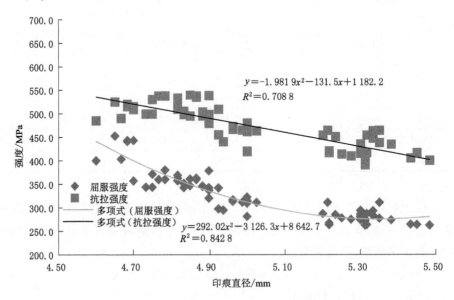

图 5-2　压力为 30 kN 时印痕直径-强度回归曲线

5.3 压力为 25 kN 时印痕直径与强度的关系

5.3.1 压力为 25 kN 时印痕直径-抗拉强度回归曲线

项目组建立了试件印痕直径-抗拉强度回归曲线,曲线的函数类型分别为指数函数、线性函数、对数函数、二次多项式函数、幂函数。

所有试样回归曲线的相关系数在 0.742~0.745 之间;剔除冷拉试件中强屈比小于 1.15 的数据后,各函数的相关系数在 0.872~0.875 之间;剔除所有冷拉试件数据后,各函数的相关系数在 0.873~0.876 之间(表 5-3)。

表 5-3 压力为 25 kN 时印痕直径-强度回归曲线的相关系数

函数类型	屈服强度曲线相关系数			抗拉强度曲线相关系数		
	所有数据	剔除强屈比 小于 1.15 的数据	剔除冷拉 试件数据	所有数据	剔除强屈比 小于 1.15 的数据	剔除冷拉 试件数据
指数	0.852	0.903	0.898	0.745	0.875	0.875
线性	0.838	0.884	0.896	0.742	0.873	0.873
对数	0.841	0.889	0.898	0.742	0.872	0.874
二次多项式	0.848	0.924	0.904	0.742	0.873	0.876
幂	0.854	0.907	0.900	0.745	0.874	0.875

以上数据表明:冷拉后强屈比大于 1.15 的试件与未冷拉试件具有相近的曲线关系(图 5-3),各曲线相关系数相近。为统一起见,项目组取二次多项式的函数曲线作为关系曲线,其函数为:

$$R_m = 25.785d_{25}^2 + 71.305d_{25} + 692.94 \tag{5-5}$$

式中 R_m——试件抗拉强度;

d_{25}——压力为 25 kN 时的印痕直径。

本曲线的相关系数 $r = 0.873$,平均相对误差 $\delta = 3.49\%$,相对标准差 $e_r = 4.64\%$。

5.3.2 压力为 25 kN 时印痕直径-屈服强度回归曲线

项目组建立了试件印痕直径-屈服强度回归曲线,曲线的函数类型同样分

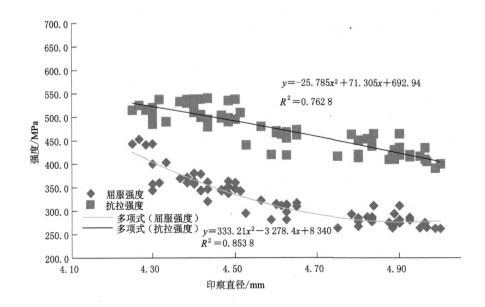

图 5-3 压力为 25 kN 时印痕直径-强度回归曲线

别为指数函数、线性函数、对数函数、二次多项式函数、幂函数。

所有试样回归曲线的相关系数在 0.838～0.854 之间;剔除冷拉试件中强屈比小于 1.15 的数据后,各函数的相关系数在 0.884～0.924 之间;剔除所有冷拉试件后,各函数的相关系数在 0.896～0.904 之间(表 5-3)。

以上数据表明:冷拉后强屈比大于 1.15 的试件与未冷拉试件具有相近的曲线关系(图 5-3),其中均以二次多项式的相关系数为最大,曲线二次多项式函数为:

$$R_{\mathrm{eL}} = 333.21 d_{25}^2 - 3\ 278.4 d_{25} + 8\ 340 \tag{5-6}$$

式中　R_{eL}——试件屈服强度;

d_{25}——压力为 25 kN 时的印痕直径。

本曲线的相关系数 $r = 0.924$,平均相对误差 $\delta = 4.35\%$,相对标准差 $e_{\mathrm{r}} = 5.72\%$。

5.4　压力为 20 kN 时印痕直径与强度的关系

5.4.1　压力为 20 kN 时印痕直径-抗拉强度回归曲线

项目组建立了试件印痕直径-抗拉强度回归曲线,曲线的函数类型分别为指数函数、线性函数、对数函数、二次多项式函数、幂函数。

所有试样回归曲线的相关系数在 0.726～0.730 之间;剔除冷拉试件中强屈比小于 1.15 的数据后,各函数的相关系数在 0.870～0.874 之间;剔除所有冷拉试件数据后,各函数的相关系数在 0.868～0.880 之间(表 5-4)。

表 5-4　压力为 20 kN 时印痕直径-强度回归曲线的相关系数

函数类型	屈服强度曲线相关系数			抗拉强度曲线相关系数		
	所有数据	剔除强屈比小于 1.15 的数据	剔除冷拉试件数据	所有数据	剔除强屈比小于 1.15 的数据	剔除冷拉试件数据
指数	0.866	0.902	0.887	0.730	0.874	0.871
线性	0.856	0.886	0.885	0.726	0.871	0.868
对数	0.860	0.893	0.888	0.726	0.870	0.870
二次多项式	0.879	0.947	0.914	0.726	0.871	0.880
幂	0.869	0.908	0.890	0.730	0.873	0.872

以上数据表明:冷拉后强屈比大于 1.15 的试件与未冷拉试件具有相近的曲线关系(图 5-4),其中均以二次多项式的相关系数为最大,曲线二次多项式函数为:

$$R_m = -8.889\,2d_{20}^2 - 108.72d_{20} + 1\,079.4 \tag{5-7}$$

式中　R_m——试件抗拉强度;

d_{20}——压力为 20 kN 时的印痕直径。

本曲线的相关系数 $r=0.871$,平均相对误差 $\delta=3.51\%$,相对标准差 $e_r=4.67\%$。

5.4.2　压力为 20 kN 时印痕直径-屈服强度回归曲线

项目组建立了试件印痕直径-屈服强度回归曲线,曲线的函数类型分别为指数函数、线性函数、对数函数、二次多项式函数、幂函数。

所有试样回归曲线的相关系数在 0.856～0.879 之间;剔除冷拉试件中强屈比小于 1.15 的数据后,各函数的相关系数在 0.886～0.947 之间;剔除所有冷拉试件数据后,各函数的相关系数在 0.885～0.914 之间(表 5-4)。

以上数据表明:冷拉后强屈比大于 1.15 的试件与未冷拉试件具有相近的曲线关系(图 5-4),其中均以二次多项式的相关系数为最大,曲线二次多项式函数为:

$$R_{eL} = 470.11d_{20}^2 - 4\,145.9d_{20} + 9\,417 \qquad (5-8)$$

式中　R_{eL}——试件屈服强度;

　　　d_{20}——压力为 20 kN 时的印痕直径。

本曲线的相关系数 $r=0.908$,平均相对误差 $\delta=3.92\%$,相对标准差 $e_r=5.14\%$。

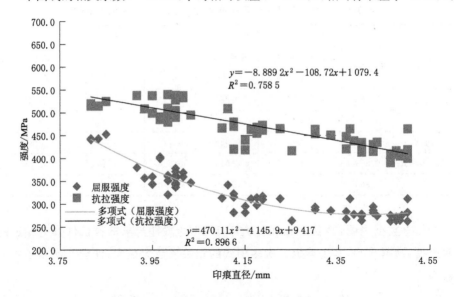

图 5-4　压力为 20 kN 时印痕直径-强度回归曲线

5.5　压力为 15 kN 时印痕直径与强度的关系

5.5.1　压力为 15 kN 时印痕直径-抗拉强度回归曲线

项目组建立了试件印痕直径-抗拉强度回归曲线,曲线的函数类型分别为指数函数、线性函数、对数函数、二次多项式函数、幂函数。

所有试样回归曲线的相关系数在 0.650～0.657 之间;剔除冷拉试件中强屈比小于 1.15 的数据后,各函数的相关系数在 0.826～0.832 之间;剔除所有冷拉试件数据后,各函数的相关系数在 0.815～0.820 之间(表 5-5)。

表 5-5　压力为 15 kN 时印痕直径-强度回归曲线的相关系数

函数类型	屈服强度曲线相关系数			抗拉强度曲线相关系数		
	所有数据	剔除强屈比小于 1.15 的数据	剔除冷拉试件数据	所有数据	剔除强屈比小于 1.15 的数据	剔除冷拉试件数据
指数	0.868	0.873	0.837	0.657	0.832	0.820
线性	0.860	0.859	0.834	0.652	0.828	0.815
对数	0.865	0.866	0.837	0.650	0.826	0.816
二次多项式	0.887	0.914	0.850	0.654	0.830	0.816
幂	0.872	0.878	0.839	0.655	0.830	0.820

以上数据表明:冷拉后强屈比大于 1.15 的试件与未冷拉试件具有相近的曲线关系(图 5-5),各曲线相关系数相近,为统一起见,取二次多项式的函数曲线作为关系曲线,其函数为:

$$R_{m} = -77.608d_{15}^{2} + 382.82d_{15} + 112.49 \tag{5-9}$$

式中　R_{m}——试件抗拉强度;

　　　d_{15}——压力为 15 kN 时的印痕直径。

本曲线的相关系数 $r = 0.830$,平均相对误差 $\delta = 3.90\%$,相对标准差 $e_{r} = 5.31\%$。

5.5.2　压力为 15 kN 时印痕直径-屈服强度回归曲线

项目组建立了试件印痕直径-屈服强度回归曲线,曲线的函数类型分别为指数函数、线性函数、对数函数、二次多项式函数、幂函数。

所有试样回归曲线的相关系数在 0.860～0.887 之间;剔除冷拉试件中强屈比小于 1.15 的数据后,各函数的相关系数在 0.859～0.914 之间;剔除所有冷拉试件数据后,各函数的相关系数在 0.834～0.850 之间(表 5-5)。

以上数据表明:冷拉后强屈比大于 1.15 的试件与未冷拉试件具有相近的曲线关系(图 5-5),其中均以二次多项式的相关系数为最大,曲线二次多项式函数为:

$$R_{eL} = 481.14\,d_{15}^{2} - 3\,755.3\,d_{15} + 7\,605.1 \tag{5-10}$$

式中　R_{eL}——试件屈服强度；

　　d_{15}——压力为 15 kN 时的印痕直径。

本曲线的相关系数 $r=0.914$，平均相对误差 $\delta=4.85\%$，相对标准差 $e_r=6.33\%$。

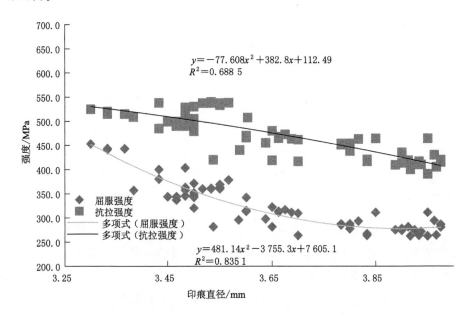

图 5-5　压力为 15 kN 时印痕直径-强度回归曲线

5.6　压力为 10 kN 时印痕直径与强度的关系

项目组在试验过程中发现：压力为 10 kN 时，印痕直径较小，测试误差相对较大，未测试 10 kN 压力作用下冷拉后钢板的印痕。

5.6.1　压力为 10 kN 时印痕直径-抗拉强度回归曲线

项目组建立了试件印痕直径-抗拉强度回归曲线，曲线的函数类型分别为指数函数、线性函数、对数函数、二次多项式函数、幂函数。

所测试样回归曲线的相关系数在 0.794~0.799 之间（表 5-6），各曲线相关系数相近（图 5-6），为统一起见，取二次多项式的函数曲线作为关系曲线，其函数为：

$$R_m = 161.63\,d_{10}^2 - 1\,238.5\,d_{10} + 2\,734.5 \tag{5-11}$$

式中 R_m——试件抗拉强度；

d_{10}——压力为 10 kN 时的印痕直径。

本曲线的相关系数 $r=0.797$，平均相对误差 $\delta=4.32\%$，相对标准差 $e_r=5.73\%$。

表 5-6 **压力为 10 kN 时印痕直径-强度回归曲线的相关系数**

函数类型	强度曲线相关系数（不含冷拉钢板）	抗拉强度曲线相关系数（不含冷拉钢板）
指数	0.780	0.799
线性	0.778	0.794
对数	0.781	0.795
二次多项式	0.792	0.797
幂	0.783	0.799

5.6.2 压力为 10 kN 时印痕直径-屈服强度回归曲线

项目组建立了试件印痕直径-屈服强度回归曲线，曲线的函数类型分别为指数函数、线性函数、对数函数、二次多项式函数、幂函数。

所有试样回归曲线的相关系数在 0.778～0.792 之间（表 5-6），各曲线相关系数相近（图 5-6），其中以二次多项式的相关系数为最大，曲线二次多项式函数为：

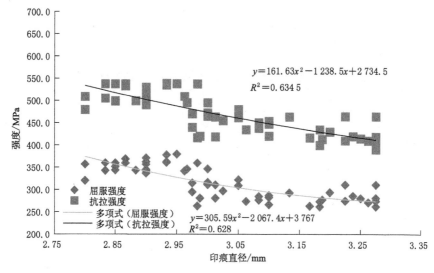

图 5-6 压力为 10 kN 时印痕直径-强度回归曲线

$$R_{eL} = 305.59d_{10}^2 - 2\ 067.4d_{10} + 3\ 767 \qquad (5\text{-}12)$$

式中 R_{eL}——试件屈服强度；

d_{10}——压力为 10 kN 时的印痕直径。

本曲线的相关系数 $r=0.792$，平均相对误差 $\delta=5.36\%$，相对标准差 $e_r=7.11\%$。

5.7 压力为 7.5 kN 时印痕直径与强度的关系

项目组在试验过程中发现：压力为 7.5 kN 时，印痕直径较小，测试误差相对较大，冷拉后钢板未测试 7.5 kN 压力作用下的印痕。

5.7.1 压力为 7.5 kN 时印痕直径-抗拉强度回归曲线

项目组建立了试件印痕直径-抗拉强度回归曲线，曲线的函数类型分别为指数函数、线性函数、对数函数、二次多项式函数、幂函数。

所有试样回归曲线的相关系数在 0.713~0.755 之间（表 5-7），各曲线相关系数相近（图 5-7），其中以二次多项式的相关系数为最大，曲线二次多项式函数为：

$$R_m = -646.2\ d_{7.5}^2 + 3\ 149\ d_{7.5} - 3\ 332.9 \qquad (5\text{-}13)$$

式中 R_m——试件抗拉强度；

$d_{7.5}$——压力为 7.5 kN 时的印痕直径。

本曲线的相关系数 $r=0.755$。

表 5-7 压力为 7.5 kN 时印痕直径-强度回归曲线的相关系数

函数类型	屈服强度曲线相关系数（不含冷拉钢板）	抗拉强度曲线相关系数（不含冷拉钢板）
指数	0.752	0.721
线性	0.751	0.719
对数	0.748	0.713
二次多项式	0.762	0.755
幂	0.748	0.714

5.7.2 压力为 7.5 kN 时印痕直径-屈服强度回归曲线

项目组建立了试件印痕直径-屈服强度回归曲线，曲线的函数类型分别为指数函数、线性函数、对数函数、二次多项式函数、幂函数。

所有试样回归曲线的相关系数在 0.748～0.762 之间(表 5-7),其中以二次多项式的相关系数为最大(图 5-7),曲线二次多项式函数为:

$$R_{eL} = 290.78\,d_{7.5}^2 + 1\,315\,d_{7.5} - 1\,128.2 \tag{5-14}$$

式中　R_{eL}——试件屈服强度;

　　　$d_{7.5}$——压力为 7.5 kN 时的印痕直径。

本曲线的相关系数 $r = 0.762$。

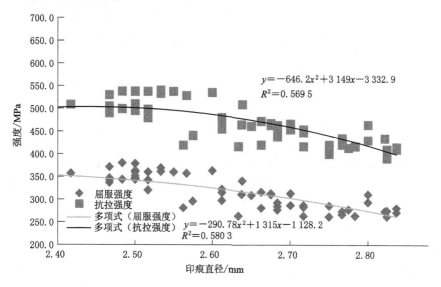

图 5-7　压力为 7.5 kN 时印痕直径-强度回归曲线

5.8　压力为 5 kN 时印痕直径与强度的关系

项目组在试验过程中发现:压力为 5 kN 时,印痕直径较小,测试误差相对较大,冷拉后钢板未测试 5 kN 压力作用下的印痕。

5.8.1　压力为 5 kN 时印痕直径-抗拉强度回归曲线

项目组建立了试件印痕直径-抗拉强度回归曲线,曲线的函数类型分别为指数函数、线性函数、对数函数、二次多项式函数、幂函数。

所有试样回归曲线的相关系数在 0.824～0.828 之间(表 5-8),各曲线相关

系数相近(图 5-8),为统一起见,取二次多项式的函数曲线作为关系曲线,其函数为:

$$R_m = 298.72d_5^2 - 1\ 650.8d_5 + 2\ 646.3 \quad\quad (5\text{-}15)$$

式中　R_m——试件抗拉强度;

　　d_5——压力为 5 kN 时的印痕直径。

本曲线的相关系数 $r=0.827$。

表 5-8　压力为 5 kN 时印痕直径-强度回归曲线的相关系数

函数类型	屈服强度曲线相关系数(不含冷拉钢板)	抗拉强度曲线相关系数(不含冷拉钢板)
指数	0.826	0.826
线性	0.827	0.824
对数	0.830	0.825
二次多项式	0.844	0.827
幂	0.829	0.828

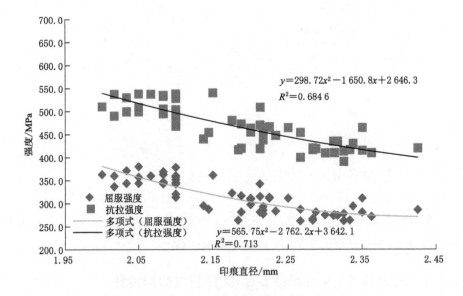

图 5-8　压力为 5 kN 时印痕直径-强度回归曲线

5.8.2 压力为 5 kN 时印痕直径-屈服强度回归曲线

项目组建立了试件印痕直径-屈服强度回归曲线,曲线的函数类型同样分别为指数函数、线性函数、对数函数、二次多项式函数、幂函数。

所有试样回归曲线的相关系数在 0.826～0.844 之间(表 5-9),其中以二次多项式的相关系数为最大,曲线(图 5-8)二次多项式函数为:

$$R_{eL} = 305.59\,d_5^2 - 2\,067.4\,d_5 + 3\,767 \tag{5-16}$$

式中 R_{eL}——试件屈服强度;

d_5——压力为 5 kN 时的印痕直径。

本曲线的相关系数 $r=0.844$。

5.9 印痕直径与强度关系曲线的选取

5.9.1 印痕直径-强度数据统计的结论

项目组分别对压力为 5 kN、7.5 kN、10 kN、15 kN、20 kN、25 kN、30 kN、35 kN 时印痕直径与钢材抗拉强度、屈服强度的关系进行了研究,以二次多项式为例,列出印痕直径与钢材强度回归曲线的相关系数(图 5-9、表 5-9)。

表 5-9　印痕直径与钢材强度的回归曲线相关系数

回归曲线	35 kN	30 kN	25 kN	20 kN	15 kN	10 kN	7.5 kN	5 kN
印痕直径-抗拉强度	0.854	0.842	0.873	0.871	0.830	0.797	0.755	0.827
印痕直径-屈服强度	0.946	0.918	0.924	0.908	0.914	0.792	0.762	0.844

通过数据统计、回归及对比,得出以下结论:

(1)相同压力作用下,钢材屈服强度与印痕直径的关系更密切。

印痕直径-抗拉强度曲线、印痕直径-屈服强度曲线的相关系数分别见表 5-9,除 10 kN 时两条曲线相关系数相差不大以外,其余曲线均表现出屈服强度与印痕直径的相关性更好。其中试验压力为 20 kN、25 kN 时,两条关系曲线的相关系数均较大。

(2)试验压力越大,关系曲线的相关性越好。

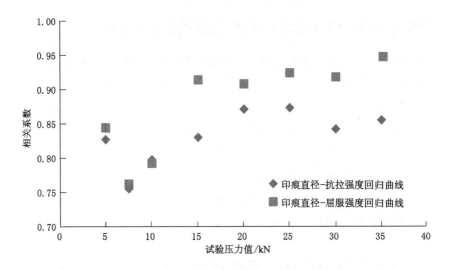

图 5-9　印痕直径与钢材强度的回归曲线相关系数

从总体来看,试验压力越大,关系曲线的相关性越好。当试验压力为 10 kN 及以下时印痕较小,直径判读困难,读数误差趋大,同一组数据的标准差也较大,两条曲线的相关系数均低于试验压力为 15 kN 及以上的曲线。

5.9.2　印痕直径-强度回归曲线的相对误差

项目组分别对压力为 15 kN、20 kN、25 kN、30 kN 时印痕直径与钢材抗拉强度、屈服强度的二次多项式关系式的相对误差进行了计算,分别用下面两个式子计算回归方程式的强度平均相对误差 δ 和强度相对标准差 e_r:

$$\delta = \pm \frac{1}{n} \sum_{i=1}^{n} \left| \frac{f_{N,i}}{f_i} - 1 \right| \times 100\%$$

$$e_r = \sqrt{\frac{1}{n-1} \sum_{i=1}^{n} \left(\frac{f_{N,i}}{f_i} - 1 \right)^2} \times 100\%$$

式中　δ——回归方程式的强度平均相对误差,%;

　　　n——测点数量;

　　　$f_{N,i}$——第 i 个测点压力 N 作用下测强曲线计算出的钢材强度值,MPa;

　　　f_i——第 i 个测点所在钢材的强度实测值,MPa;

　　　e_r——回归方程式的强度相对标准差,%。

通过计算,各回归方程式的强度平均相对误差 δ 和强度相对标准差 e_r

见表 5-10。

表 5-10 回归方程的相对误差和相对标准差

试验力/kN	屈服强度		抗拉强度	
	平均相对误差 δ	相对标准差 e_r	平均相对误差 δ	相对标准差 e_r
30	4.45	5.81	4.03	5.15
25	4.35	5.72	3.49	4.64
20	3.92	5.04	3.51	4.67
15	4.85	6.33	3.90	5.31
10	5.36	7.11	4.32	5.73
$10^*\left(\dfrac{F}{D^2}=10\right)$	—	—	11.65	13.32

注：* 为《金属材料 布氏硬度试验 第 4 部分：硬度值表》(GB/T 231.4—2009)和《黑色金属硬度及强度换算值》(GB/T 1172—1999)规定的抗拉强度换算值(没有规定屈服强度换算值)。表中列出了换算的抗拉强度与实测值的平均相对误差和相对标准差，以便对比。

由表 5-10 可知：当压力为 20 kN 和 25 kN 时，回归方程的平均相对误差和相对标准差均较小。

5.9.3 印痕直径-强度回归曲线的选取

考虑到压力越大，对实验装置的要求越高，同时钢材表面印痕也越大，对钢材表面外观有不利影响。为此项目组最终选取试验压力为 20 kN 时的印痕直径与强度关系曲线。

（1）印痕直径-抗拉强度回归曲线方程为：

$$R_m = -8.889\,2\,d_{20}^2 - 108.72d_{20} + 1\,079.4$$

式中 R_m——试件抗拉强度；

d_{20}——压力为 20 kN 时的印痕直径。

本曲线的相关系数 $r=0.871$，平均相对误差 $\delta=3.51\%$，相对标准差 $e_r=4.67\%$。

（2）印痕直径-屈服强度回归曲线方程为：

$$R_{eL} = 470.11\,d_{20}^2 - 4\,145.9\,d_{20} + 9\,417$$

式中 R_{eL}——试件屈服强度;

d_{20}——压力为 20 kN 时的印痕直径。

本曲线的相关系数 $r=0.908$,平均相对误差 $\delta=3.92\%$,相对标准差 $e_r=5.04\%$。

第6章　现场检测技术

6.1　便携式钢材强度检测印痕仪

6.1.1　仪器简介

钢材是国家建设的重要物资,其应用广泛、品种繁多。根据断面形状的不同,钢材一般分为型材、板材、管材和金属制品四大类。强度是钢材的重要特征之一,且对工程结构安全性非常重要。

在实际工程中常会发生资料缺失的情况,导致无法确定工程中钢材的强度。目前钢材强度检测通常为取样后进行破坏性检验,对工程结构造成一定的损伤,且在既有工程中有一定的困难。

本发明为一种便携式钢材强度检测印痕仪及其测试方法,其中便携式钢材强度检测印痕仪包括:固定连接的上反力架和下反力架,上反力架和下反力架的一个相对的侧面上分别设置承压板和千斤顶,千斤顶上安装有一个球形压头,千斤顶与驱动机构相连,驱动机构与控制器相连;承压板与球形压头之间的间距可调;承压板与球形压头之间放置待测钢板,球形压头用于检测待测钢板的强度时,由千斤顶驱动球形压头在待测钢板上压出一个球冠形凹陷,进而根据测量的球冠形凹陷直径和预设的钢材强度-球冠形凹陷直径关系曲线得到待测钢板的强度。

6.1.2　仪器构造说明

为了解决现有技术的不足,本发明提供了一种便携式钢材强度检测印痕仪,其结构简单,能够准确测量钢材强度。

本发明提供的一种便携式钢材强度检测印痕仪,如图 6-1 所示。

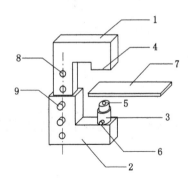

1—上反力架;2—下反力架;3—千斤顶;4—承压板;5—球形压头;

6—驱动机构;7—待测钢板;8—调节用栓孔;9—销栓。

图 6-1 一种便携式钢材强度检测印痕仪结构示意图

将连接的上反力架和下反力架固定好,其中上反力架和下反力架的一个相对的侧面上分别设置有承压板和千斤顶。千斤顶上安装有一球形压头,千斤顶与驱动机构(手动油泵)相连,手动油泵与控制器(压力表)相连;承压板与球形压头之间的间距可调。

在具体实施过程中,仪器中的上反力架和下反力架通过销栓方式固定连接,进而可调节承压板与球形压头之间的间距。

需要说明的是,上反力架和下反力架之间除了采用销栓方式固定连接之外,还可以采用其他固定连接方式来调节承压板与球形压头之间的间距。

如图 6-2 和图 6-3 所示,上反力架和下反力架通过销栓卡在一起,且上反力架和下反力架均设置有若干个调节用栓孔,通过调节销栓在调节用栓孔内的位置来调节承压板与球形压头之间的间距。

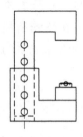

图 6-2 承压板与球形压头间距的调节 1

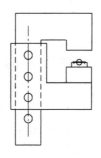

图 6-3　承压板与球形压头间距的调节 2

6.2　现场测试方法

6.2.1　测点准备

印痕法检测时，试件厚度应大于等于 8 倍印痕深度，印痕中心距试件边缘的距离应大于等于 2.5 倍印痕直径，印痕中心间距不少于印痕直径的 3 倍。一般来说，被测钢材厚度不应小于 4 mm，与《钢结构设计标准》(GB 50017—2017) 规定的钢材构件最小厚度相符。

采取打磨等措施去除被测型钢翼缘或钢板氧化皮及外界污物、油脂等，使被测钢板表面光滑平坦，露出金属光泽，并不得有明显的加工打磨痕迹。

6.2.2　施加压力

将印痕仪的承压板与球形压头夹持住待测钢板或型钢翼缘的表面，使压头与试件被测表面接触，启动千斤顶，驱动球形压头无冲击、无振动均匀地在 8 s 内施加至 25 kN，并持荷 15 s，在待测钢材上压出一个球冠形凹陷的印痕。试验过程中试件不得发生位移。

6.2.3　量测印痕直径

加载程序结束后量取印痕直径。

量取时在两个相互垂直方向测量印痕直径，取两个读数的平均值作为印痕直径。

6.2.4 推定钢材强度

根据测量的印痕直径以及钢材强度-印痕直径关系曲线,得到待测钢材的强度。

$$f_u = A_u d^2 + B_u d + C_u$$
$$f_y = A_y d^2 + B_y d + C_y$$

式中　f_u——钢材抗拉强度;

　　　f_y——钢材屈服强度;

　　　d——球冠形凹陷直径。

A_u、B_u、C_u、A_y、B_y、C_y 为已知系数,由试验结果得出。

其中,钢材强度-印痕直径的关系曲线如图 6-4 所示。

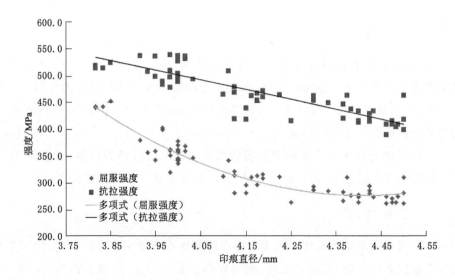

图 6-4　印痕直径-钢材强度关系曲线

6.3　验证情况

项目组随机选取了 6 个钢材试件,委托山东省建筑工程质量监督检验测试中心,将采用印痕法技术的检测数据与采用国家标准《金属材料 拉伸试验 第一部分:室温试验方法》(GB/T 228.1—2010)的实测值进行了比对。

具体检测数据详见表 6-1。

表 6-1 实测数据

| 样品编号 | 钢材牌号 | 厚×宽（或直径）/mm | 下屈服强度 | | 抗拉强度 | | 印痕直径平均值 d_{20} /mm |
			拉力/kN	强度/MPa	拉力/kN	强度/MPa	
JG19-3547	Q345B	10.0×30.0	113.5	378	161.4	538	4.00
JG19-3548	Q345B	10.0×30.0	110.7	369	159.9	533	4.02
JG19-3549	Q235B	10.0×30.0	86.2	287	136.2	454	4.30
JG19-3550	Q235B	10.0×30.0	87.9	293	139.0	463	4.30
JG19-3551	HRB400	22.0	176.6	464.6	224.8	591.4	3.93
JG19-3552	HRB400	22.0	180.4	474.5	229.6	604.1	3.99
备注	检测依据为《金属材料 拉伸试验 第一部分：室温试验方法》(GB/T 228.1—2010)和《印痕法检测建筑钢材强度技术规程》(GB37/T 5169—2020)。 根据《金属材料 拉伸试验 第一部分：室温试验方法》(GB/T 228.1—2010)得到钢材下屈服强度和抗拉强度。 根据《印痕法检测建筑钢材强度技术规程》(GB37/T 5169—2020)得到印痕直径平均值。 根据《印痕法检测建筑钢材强度技术规程》(GB37/T 5169—2020)规定的测强曲线进行强度换算，换算值分别如下： 1. 钢材屈服强度换算值 $R_{eL}=470.11d_{20}^2-4\,145.9d_{20}+9\,417$。 试件 JG19-3547—JG19-3552 的屈服强度换算值 R_{eL} 分别为 355 MPa、348 MPa、282 MPa、282 MPa、500 MPa、487 MPa。 2. 钢材抗拉强度换算值 $R_m=-8.889\,2d_{20}^2-108.72\,d_{20}+1\,079.4$。 试件 JG19-3547—JG19-3552 的抗拉强度换算值 R_m 分别为 502 MPa、499 MPa、448 MPa、448 MPa、552 MPa、548 MPa。						

将各试件的换算值与实测值进行对比，对屈服强度和抗拉强度的偏差进行计算。按偏差 $=\dfrac{\text{实测值}-\text{换算值}}{\text{实测值}}\times100\%$ 进行计算，6 个钢材试件强度的换算值、实测值和偏差见表 6-2。

表 6-2　印痕法检测强度换算值与实测值的对比

试验编号	屈服强度			抗拉强度		
	换算值/MPa	实测值/MPa	偏差/%	换算值/MPa	实测值/MPa	偏差/%
JG19-3547	355	378	6.04	502	538	6.64
JG19-3548	348	369	5.79	499	533	6.44
JG19-3549	282	287	1.75	448	454	1.42
JG19-3550	282	293	3.77	448	463	3.34
JG19-3551	500	465	−7.58	552	591	6.67
JG19-3552	487	474	−2.64	548	604	9.21

由表 6-2 可知:采用《印痕法检测建筑钢材强度技术规程》(DB37/T 5169—2020)规定的测强曲线,6 个试件的换算值与实测值的偏差均在 ±10% 以内。

6.4　本章小结

(1)项目组研发了用于现场加载用的试验装置,使印痕法现场检测钢材强度技术成为可能。本章介绍了便携式钢材强度检测印痕仪,可用于钢材印痕法的现场检测。本发明实施前,尽管通过印痕直径可以推定钢材强度,但是只能在实验室中对钢材试样进行检测,在既有工程中必须现场取样送实验室才能试验。本发明的实施,实现了根据印痕直径推定钢材强度的现场无损检测。

(2)便携式钢材强度检测印痕仪利用承压板与球形压头之间的间距可调来测试不同厚度的钢材。在检测的过程中,启动千斤顶,利用球形压头在待测钢材上压出一个球冠形凹陷印痕,进而根据测量的印痕直径和预设的钢材强度-印痕直径关系曲线,准确得到待测钢板的屈服强度和抗拉强度。

(3)便携式钢材强度检测印痕仪在钢板上得到球冠形凹陷印痕,力学性能试验表明:绝大部分试件的拉伸破坏位置不在球冠形凹陷印痕处,破坏位置与印痕位置不相关,说明印痕法对钢材强度基本无影响。

(4)项目组委托山东省建筑工程质量监督检验测试中心,分别采用印痕法和国家标准进行比对试验,印痕法检测钢材强度换算值与国家标准《金属材料拉伸试验 第一部分:室温试验方法》(GB/T 228.1—2010)实测值的对比结果表明:印痕法换算值具有较高的精度,与国家标准实测值的偏差较小。

第 7 章 《印痕法检测建筑钢材强度 技术规程》(DB37/T 5169—2020)的编制

7.1 编制背景

通过试验,项目组取得了印痕法检测建筑钢材强度技术,对该技术的影响 因素(加载时间、持荷时间、试件表面有无氧化层等)进行了全面分析,确定了印 痕法检测钢材强度的试验方法。

项目组取得了压力为 5~35 kN 时印痕直径与钢材抗拉强度、屈服强度的 关系曲线,通过分析对比,提出了以压力 20 kN 时的关系曲线作为印痕法推广 应用的标准曲线。

印痕法检测钢材强度,可以进行现场无破损检测,具有非常显著的实用价 值和社会经济效益。为了将此项技术加以推广应用,项目组申请编制山东省工 程建设标准。

山东省住房和城乡建设厅和山东省质量技术监督局下发的《关于印发 2016 年山东省工程建设标准制修订计划(第二批)的通知》,将《印痕法检测建筑钢材 强度技术规程》列入其中(图 7-1)。

2016年山东省工程建设标准制修订计划项目立项表(第二批)							
序号	项目名称	制定/修订	适用范围和主要技术内容	主编单位	参编单位	主要起草人	有无强制性条文
18	印痕法检测建筑钢材强度技术规程	制定	本标准适用于建筑结构中钢筋、钢棒、钢板、型钢等钢材强度的现场检测。主要技术内容包括: 1) 总则;编制目的、适用范围、基本要求; 2) 术语和符号;规程中关键术语、符号的解释说明; 3) 一般规定;检测方法适用条件、检验批划分、测区布置、测点选择; 4) 检测技术;仪器设备、检测步骤、操作方法; 5) 强度推定;数据处理、异常值处理、测强曲线、钢材强度的推定方法。	山东省建筑科学研究院		成勋	无

图 7-1 文件通知

7.2 主要工作

7.2.1 前期工作

本项目在调查研究基础上,针对行业内常用的 Q235、Q345 等建筑钢材进行印痕法试验,提出标准检测方法,建立不同钢材的测强曲线。根据本项技术所建立的测强曲线,只需测试某压力作用下钢材表面印痕直径,即可推定钢材的强度。试验周期短,不损伤主体结构。

印痕法检测钢材强度技术的研究内容包括两个部分:① 在实验室建立印痕直径-钢材强度关系曲线;② 研发用于现场检测用的试验装置。

(1)钢材强度-印痕直径关系研究

① 影响因素分析。

本项目考虑的主要影响因素有:压头直径、加荷时间、压力取值、持荷时间、钢材表面氧化层、被测部位厚度及距边缘距离等。通过试验研究分析了各种因素对强度检测的影响,提出了合理的检测方案,减小了检测误差。

② 钢材强度推定。

本项目在统一的检测方案下,通过测量一系列试验力值 P 作用下的印痕直径 d,并对试件进行了力学试验,测得了钢材的实际屈服强度和抗拉强度,并运用统计学原理,建立了试验压力 P、印痕直径 d、钢材强度(R_{eL}、R_m)的关系曲线,实现了钢材屈服强度和抗拉强度的推定。

$$R_{eL} = f_1(P, d)$$
$$R_m = f_2(P, d)$$

(2)现场检测仪器的研制

本项目需测试钢材表面抵抗塑性变形的能力,可采用布氏硬度的测试原理,但布氏硬度测试设备体积庞大,不能用于现场检测,故研制了便携式钢材强度检测印痕仪及测试方法,并申请了专利,满足现场检测的需求(图 7-2)。

7.2.2 成立编制组并召开第一次工作会议

2019 年 5 月 15 日,山东省住房和城乡建设厅在济南组织召开了项目启动会。主编单位山东省建筑科学研究院,副主编单位铁正检测科技有限公司,参

(a)   (b)

图 7-2 便携式钢材强度检测印痕仪

编单位滨州市工程建设质量监督站、青岛理工大学等单位的领导和《印痕法检测建筑钢材强度技术规程》(下文简称《规程》)的主、参编十余人到会。

会议宣布成立《规程》编制组,主编单位作了编制工作汇报,会议明确了各编制单位和人员的任务分工,为加强编制过程中的联络与协调,会议成立了编制组秘书处,秘书处设在山东省建筑科学研究院。此外,会议还组建了编制组微信群。

会议要求本次工作会议后参加《规程》编写的各有关单位及编写人员,按工作计划完成各阶段标准的编写工作。编制组在《规程》编制工作中要严格执行工程建设标准化有关规定,明确任务,加强沟通,协同工作,保证质量,按计划完成本标准的编制任务。

7.2.3 形成征求意见稿

2019 年 7 月,编制组根据任务分工和编制大纲的要求,编写完成了《规程》的征求意见稿。8 月,《规程》征求意见稿在山东省住房和城乡建设厅网站上公布,征求各单位和专家的意见。另外,编制组还发函给相关国家标准、行业标准的主编,著名院校相关领域的知名教授,各省、市建筑科研院所的相关科研人员,各地建筑工程监督检测机构的专家等。

截至 2020 年 3 月 31 日,共征得 21 条建议。编制组成员共同商讨对反馈意见的答复,对有建设性意见的建议积极采纳,对不合理的建议给出了理由。最终共采纳 17 条,部分采纳 1 条,不采纳的有 3 条。

7.2.4　审查会议资料的准备

编制组根据专家意见和《工程建设标准编制指南》的要求,再次对《规程》进行了修改,并准备了送审文件,包括:送审报告、《规程》送审稿及其条文说明、征求意见处理汇总表等。

7.3　实施后的社会效益和经济效益

本项目采用硬质合金球在一定试验力作用下压入试样表面,经规定的持荷时间后卸除试验力,以试样印痕的平均直径来推定钢材强度。本项目还研制了便携式试验设备,使之可以用于现场检测。

本项目方法适用于建筑结构中钢板、型钢等钢材强度的检测。采用本项目方法测试时,在去除钢材表面漆膜、氧化层、锈迹后,不需另行打磨钢材表面。

我国有大量的既有房屋建筑结构需要进行安全性和抗震性能鉴定,建筑钢材强度的检测是鉴定内容中的重要组成部分,采用本方法可以在不破坏原有结构的情况下,现场检测得出建筑钢材的强度,从而正确评估房屋建筑的安全性能。本项目的研究与应用在建筑结构领域具有显著的经济效益和社会效益。

7.4　《印痕法检测建筑钢材强度技术规程》(DB37/T 5169—2020)的特色

在编制《规程》的过程中,在山东省内外广泛调研,其主要特色有:

① 确定了压头直径、加荷时间、加荷大小、持荷时间等印痕法测试参数,首次提出了印痕法检测建筑钢材强度技术。

② 建立了不同压力作用下的印痕直径-屈服强度关系曲线和印痕直径-抗拉强度关系曲线。

③ 研制了便携式钢材强度检测印痕仪及测试方法。

④ 首次编制了《印痕法检测建筑钢材强度技术规程》(DB37/T 5169—2020),并确立了山东省地方测强曲线。

《规程》的编制将有助于推广印痕法检测技术,应用于建筑结构的检测、鉴定等方面,可以控制在建工程的施工质量,保障既有房屋建筑的安全性。

第 8 章　本书结论

通过本项目的研究,项目组取得了以下成果:

项目组经过一系列的比对试验,分析对比了加载时间、持荷时间、试件表面有无氧化层等因素的影响,确定了印痕法检测钢材强度的试验方法,首次提出了印痕法检测建筑钢材强度技术,特别是建筑钢材屈服强度的无损检测技术。

项目组取得了压力为 5～35 kN 时印痕直径与钢材抗拉强度、屈服强度的关系曲线。通过分析对比,提出了以压力为 20 kN 时的关系曲线作为印痕法推广应用的标准曲线。

项目组发明了便携式钢材强度检测印痕仪,该仪器体积小、重量轻、精度高,实现了印痕法的现场检测,是印痕法推广应用的关键设备。

项目组编制了山东省地方标准《印痕法检测建筑钢材强度技术规程》(DB37/T 5169—2020),标准的编制将有助于推广印痕法检测技术,用以检测、鉴定建筑结构,控制在建工程的施工质量,保障既有房屋建筑的安全性。

8.1　印痕法检测技术

8.1.1　加载时间与试验结果的关系

为探究加载时间与试验结果的关系,项目组做了不同钢材和不同加荷时间的对比试验。

由试验结果可以看出:最大荷载 7.5 kN,加荷时间为 3 s、5 s 和 8 s 时,印痕直径的差异不大,在 −0.1～0.15 mm 之间随机分布;最大荷载 30 kN,加荷时间为 5 s、10 s 和 15 s 时,印痕直径的差异不大,在 −0.2～0.1 mm 之间随机分布。

鉴于试验加载时间对试验结果影响不大,考虑方便试验,本方法规定了最大荷载为 5 kN、7.5 kN 时,加载时间为 3 s;最大荷载为 10 kN、15 kN 时,加载时间为 5 s;最大荷载为 20 kN、25 kN 时,加载时间为 8 s;最大荷载为 30 kN、35 kN 时,加载时间为 10 s。

8.1.2　持荷时间与试验结果的关系

为探究持荷时间与试验结果的关系,项目组做了不同钢材和不同持荷时间的对比试验。

从试验结果可以看出:试件在 7.5 kN 作用下,分别持荷 10 s、15 s、30 s 后的印痕直径的差异不大,在 −0.10～0.15 mm 之间随机分布;试件在 30 kN 作用下,分别持荷 15 s、30 s、45 s 后的印痕直径的差异不大,在 −0.10～0.20 mm 之间随机分布。

鉴于试验持荷时间对试验结果影响不大,考虑方便试验,本方法规定了最大荷载为 5～25 kN 时,持荷时间为 15 s;最大荷载为 30 kN、35 kN 时,持荷时间为 20 s。

8.1.3　表面氧化层影响

为探究试件表面氧化层对试验结果的影响,项目组做了钢材表面有无氧化层对试验结果影响的对比试验。

试验结果表明:当压力较大时,钢板表面有无氧化层对试验结果影响不大,印痕边缘均较为清晰,量取印痕直径不困难。但是当压力较小时,钢板表面氧化层使钢材印痕直径略有减小,对测试结果影响较为明显,印痕边缘较难判断,量取印痕直径存在较大误差。

因此,印痕法试验前应采用打磨等方式去除氧化层,使试件表面平坦光滑。

8.1.4　试件厚度及测点位置的影响

当试件较薄时,印痕试验结束后,试件有明显的整体弯曲变形,测点的背面有挤印痕迹,测点两侧边缘有向外明显的变形;当测点距边缘较近时,试件边缘有向外的明显变形。

由此规定:印痕法检测时,试件厚度应大于等于 8 倍印痕深度,印痕中心距试件边缘的距离应大于等于 2.5 倍印痕直径,印痕中心间距大于等于 3 倍印痕直径。

钢结构构件最小截面厚度一般为 4 mm,此时印痕深度不应大于 0.5 mm,印痕直径不应大于 4.36 mm,选用测试压力时应予注意。

8.2　印痕直径-钢材强度关系曲线

8.2.1　不同压力时印痕直径-强度数据统计结论

项目组分别对压力为 5 kN、7.5 kN、10 kN、15 kN、20 kN、25 kN、30 kN、35 kN 时印痕直径与钢材抗拉强度、屈服强度的关系进行了研究,通过数据统计、回归及对比,得出以下结论:

① 相同压力作用下,钢材屈服强度与印痕直径的相关性更好。

由印痕直径-抗拉强度回归曲线、印痕直径-屈服强度回归曲线的相关系数可知:除 10 kN 时两曲线相关系数相差不大以外,其余曲线均表现为屈服强度与印痕直径的相关性更好。其中试验压力为 20 kN、25 kN 时,印痕直径-抗拉强度和印痕直径-屈服强度两条关系曲线的相关系数均较大。

② 试验压力越大,其关系曲线的相关性越好。

从总体来看,试验压力越大,其关系曲线的相关性越好。当试验压力为 10 kN 及以下时,印痕较小,直径判读困难,读数误差较大,同一组数据的标准差也较大,两条曲线的相关系数均小于试验压力为 15 kN 及以上的曲线。

8.2.2　印痕直径-强度回归曲线的选取

项目组考虑到压力越大,对试验装置的要求越高,同时钢材表面印痕也越大,对钢材表面外观有不利影响。为此,最终选取试验压力为 20 kN 时印痕直径与强度的关系曲线。

① 印痕直径-抗拉强度回归曲线方程为:
$$R_m = -8.889\,2\,d_{20}^2 - 108.72\,d_{20} + 1\,079.4$$
式中　R_m——试件抗拉强度;

　　d_{20}——压力为 20 kN 时的印痕直径。

本曲线的相关系数 $r=0.871$,平均相对误差 $\delta=3.51\%$,相对标准差 $e_r=4.67\%$。

② 印痕直径-屈服强度回归曲线方程为:
$$R_{eL} = 470.11\,d_{20}^2 - 4\,145.9\,d_{20} + 9\,417$$
式中　R_{eL}——试件屈服强度;

d_{20}——压力为 20 kN 时的印痕直径。

本曲线的相关系数 $r=0.908$，平均相对误差 $\delta=3.92\%$，相对标准差 $e_r=5.04\%$。

8.3 便携式钢材强度检测印痕仪及测试方法

本项目组发明了便携式钢材强度检测印痕仪，可用于钢材印痕法的现场检测，是印痕法检测钢材强度技术的一个关键步骤。本发明实施前，尽管通过印痕直径可以推定钢材强度，但只能在实验室中对钢材试样进行检测，而既有工程中必须现场取样送实验室才能检测。本发明的实施，实现了通过印痕直径推定钢材强度的现场无损检测。

便携式钢材强度检测印痕仪利用承压板与球形压头之间的间距可调来测试不同厚度的钢材。在检测的过程中，启动千斤顶，利用球形压头在待测钢材上压出球冠形凹陷印痕，进而根据测量的印痕直径和预设的钢材强度-印痕直径关系曲线，准确得到待测钢板的屈服强度和抗拉强度。

便携式钢材强度检测印痕仪在钢板上得到的球冠形凹陷印痕，力学性能试验表明：绝大部分试件的拉伸破坏位置不在球冠形凹陷印痕处，破坏位置与印痕位置无关，说明印痕法对钢材强度基本无影响。

8.4 《印痕法检测建筑钢材强度技术规程》(DB37/T 5169—2020)的编制

本项目组编制了山东省工程建设标准《印痕法检测建筑钢材强度技术规程》(DB37/T 5169—2020)。印痕法检测建筑钢材强度技术属于非破损检测方法，对结构无损伤，检测时对钢材表面的粗糙度要求较低，受客观条件影响较小。目前我国建筑工程检测技术正逐渐从实验室检测技术向现场检测技术方向发展，该从破损检测向微破损、无损检测技术方向发展，该规程的编制符合这一趋势。

项目组根据省住房和城乡建设厅、省质量技术监督局的要求，经过广泛且深入的调查研究，总结了国内外钢材强度检测的经验，结合山东省房屋建筑的实际情况，在调查、研讨、修改、总结实践经验的基础上，编制了山东省地方标准《印痕法检测建筑钢材强度技术规程》(DB37/T 5169—2020)。

参 考 文 献

[1] 陈学海.建筑钢材质量检测方法探析[J].中国建材科技,2015(4):8-9.

[2] 崔士,杜涛,车光临.表面硬度法检测建筑钢材强度的研究[C]//第14届全国结构工程学术会议论文集.[S.l.]:[s.n.],2005.

[3] 段向胜,邱小坛,周燕,等.钢材里氏硬度与抗拉强度之间换算关系的试验研究[J].建筑科学,2003(3):48-50,53.

[4] 段向胜,彭立新,韩继云,等.钢结构钢材强度现场无损检测的试验研究[J].建筑钢结构进展,2004,6(3):16-18,62.

[5] 方平,孙正华,刘可,等.里氏硬度化学分析综合法检测钢材抗拉强度的研究[J].建筑科学,2011(S1):121-123,172.

[6] 黄少兰.关于钢材强度无损检测方法探讨[J].建材与装饰,2017(26):62-63.

[7] 李成才,绳钦柱,段世薪,等.里氏硬度与现场钢材抗拉强度间的换算[J].建筑技术,2015,46(增刊):126-127.

[8] 梁韵婕,杜正伟,郑义文.钢结构钢材强度无损检测分析[J].建材与装饰,2018(33):47-48.

[9] 刘殿忠,王武刚.钢材强度无损检测方法比较分析[J].四川建材,2016,42(1):68-69,78.

[10] 罗永峰.建筑钢结构检测与可靠性鉴定[C]//中国铁道学会工务委员会第六届房建学组铁路客站钢结构检测、监测及维护技术研讨会论文集.[S.l.:s.n.],2019.

[11] 绳钦柱,李成才,张宝明,等.里氏硬度法现场检测建筑钢材强度试验研究[J].建筑技术,2015,46(8):749-751.

[12] 四川省建筑科学研究院有限公司.钢结构加固技术标准:GB 51367—2019[S].北京:中国建筑工业出版社,2019.

[13] 王海明,张大鹏.金属结构异种钢材强度的无损检测方法研究[J].中国金属通报,2020(3):290,292.

[14] 项卫民.刘国振.中原某桥的维修检测[J].中国水运,2013,13(8):237-238.

[15] 冶金部建设协调司.钢结构检测评定及加固技术规程:YB 9257—96[S].北京:冶金工业出版社,1999.

[16] 赵特伟.试验数据的整理与分析[M].北京:中国铁道出版社,1981.

[17] 中国建筑标准设计研究院有限公司.门式刚架轻型房屋钢结构技术规范:GB 51022—2015[S].北京:中国建筑工业出版社,2015.

[18] 中国建筑科学研究院.建筑结构荷载规范:GB 50009—2012[S].北京:中国建筑工业出版社,2012.

[19] 中国建筑科学研究院.建筑结构检测技术标准:GB/T 50344—2019[S].北京:中国建筑工业出版社,2019

[20] 中国建筑科学研究院,中国新兴建设开发总公司.混凝土结构现场检测技术标准:GB/T 50784—2013[S].北京:中国建筑工业出版社,2013.

[21] 中冶京诚工程技术有限公司.钢结构设计规范:GB 50017—2017[S].北京:中国建筑工业出版社,2017.

[22] 周诗民.无损检测技术在钢材强度检测中的应用[J].河南建材,2020(4):17-18.

后 记

  《印痕法检测钢材强度技术研究》一书虽然付梓出版,但我们感觉研究成果还远远不够,依然任重而道远。在测试范围上,本书所列曲线仅针对屈服强度为 235~520 MPa 的建筑钢材,而对近年来采用越来越多的 Q420 及以上等级的钢材还没有来得及研究;在仪器研制上,无论便携式印痕强度测试仪还是印痕直径读取设备,都有进一步精细化改进的空间;在检测技术上,对钢筋的检测仍然是建立在对钢筋局部损伤的基础上;在测试部位上,仍然无法对管件、箱型材料进行检测。出版此书的目的是宣传印痕法检测钢材强度技术,希望有更多的学者进一步开展研究工作,使该项检测技术更加完善。

  在研究和撰写书稿时得到了同事们的大力支持。同时,山东建筑大学周学军教授、赵考重教授等知名专家也提供了宝贵意见。在此一并表示由衷的感谢。